海洋石油工程建设质量验收系列丛书

海底管道工程质量验收

主编　陈荣旗

上海交通大学出版社

内容提要

本书是一部关于海底管道工程质量验收的指导性著作。包括海底管道工程建设各阶段的质量验收依据，规定了验收要点、验收程序、验收内容和验收标准。本书共分为6章，主要内容包括：海洋工程和海底管道的发展概况，海底管道工程质量验收概述，海底管道设计阶段的质量验收内容，海底管道陆地预制建造阶段的质量验收内容，海底管道的安装和质量验收内容以及具体工程案例的介绍和分析。

本书适用于中国海域内新建的海底管道的设计、建造、检验、安装和调试的质量检查和验收。

图书在版编目（CIP）数据

海底管道工程质量验收/陈荣旗主编．一上海：上海交通大学出版社，2020

（海洋石油工程建设质量验收系列丛书）

ISBN 978- 7-313-22926-7

Ⅰ.①海… Ⅱ.①陈… Ⅲ.①水下管道−海底铺管−管道工程−工程质量−工程验收 Ⅳ.①P756.2

中国版本图书馆CIP数据核字（2020）第025112号

海底管道工程质量验收
HAIDI GUANDAO GONGCHENG ZHILIANG YANSHOU

主　　编：陈荣旗			
出版发行：上海交通大学出版社		地　　址：上海市番禺路951号	
邮政编码：200030		电　　话：021-6471208	
印　　制：苏州市越洋印刷有限公司		经　　销：全国新华书店	
开　　本：710mm×1000mm　　1/16		印　　张：12.75	
字　　数：225千字			
版　　次：2020年4月第1版		印　　次：2020年4月第1次印刷	
书　　号：ISBN 978- 7-313-22926-7			
定　　价：78.00元			

《海底管道工程质量验收》

编委会

主　编　陈荣旗

副主编　李淑民　李健民

编　委　李相春　尹汉军　吕　屹　于长生　刘培林
　　　　宋峥嵘　李怀亮　刘中民　杜文燕　叶　兵
　　　　夏　芳　连　华　李　欣　程　涛　廖红琴
　　　　祝晓丹

编写组

设计技术编写组
　　　　孙国民　熊海荣　李　庆　黄会娣　余直霞
　　　　江　欣　李　妍　陈　思　付　方

焊接检验技术编写组
　　　　曹　军　许可望　孙有辉　刘永贞　王　伟
　　　　栾陈杰　杨晓飞　马亚光　鲁振兴　陈　亮
　　　　尤卫宏　吴　员　张天江

安装技术编写组
　　　　陈永訢　李建楠　刘　斌

序　言

从1957年在海南岛莺歌海海域追溯海面油苗算起，到2018年为止，中国海洋石油工业已经走过了61年的发展历程。在半个多世纪的发展过程中，中国海洋石油工业从无到有逐渐壮大，现已成为中国能源工业的重要组成部分。从自主设计的第一座固定式钢质导管架平台——1号钻井平台，到日前中国海域建成投产的近300座固定式平台和约6 700 km的海底管道，中国海洋石油经历了从自力更生和对外合作、引进吸收国外先进技术，到自主创新、形成具有国际竞争力的核心技术。固定平台和海底管道的设计、建造、安装等技术水平和管理水平也不断提高，已经接近或达到国际先进水平，在短短五六十年间取得了辉煌的业绩。这些业绩的取得与广大工程设计、建造、安装各类技术人员的努力和辛勤工作是分不开的，正是在他们不懈的坚持和奋进中，创造了一个又一个的工程奇迹，完成技术的不断积累和跨越，为中国海洋石油工业做出了巨大的贡献。

本书主要依据国外相关的技术标准和国家现行工程质量相关的法律、法规、管理标准以及海上石油行业相关的技术标准，同时结合40余年的海洋固定平台和海底管道在工程建设中形成的工程实践编制而成。本书聚焦于海洋石油工程建设各阶段的质量验收，内容来源于工程建设的第一线，有很强的针对性和实用性，对工程建设中的设计、建造、检验和安装各个阶段的质量验收工作都有十分重要的指导意义。本书是一部权威的关于海洋固定平台和海底管道工程质量验收的指导性著作，填补了国内工程质量验收领域的空白。本书的作者团队拥有丰富的海洋石油工程建设的工作经验，本书的出版凝聚了一大批平台和海底管道工程建设技术和管理专家及专业技术人员的心血，也是他们集体智慧的结晶。相信本书对于提高平台和海底管道工程建设质量将会起重要且不可替代的作用。

希望广大工程建设人员，在工作中结合实际，加大推行本书的应用，在应用过程中积极反馈意见和建议，并且结合新技术的发展和实践对本书不断充实和完善。

中国工程院 院士

前　言

　　编写"海洋石油工程建设质量验收系列丛书"的目的是规范海洋工程设施建设的设计、建造、检验、安装和调试的质量验收内容和标准，加强工程建设的质量管理与控制。"海洋石油工程建设质量验收系列丛书"的出版是我国海洋石油工程建设几十年来的经验结晶，填补了国内海洋工程建设质量验收体系的空白，对海洋石油工程建设水平向国际化迈进具有重大意义。

　　该丛书的内容包括了海底管道工程建设各阶段的质量验收依据，规定了验收要点、验收程序、验收内容和验收标准。适用于中国海域内新建的海底管道的设计、建造、检验、安装和调试质量检查和验收。

　　本书阐述的海底管道设计阶段质量验收主要是对设计图纸、计算报告和设计料单的验收；建造阶段质量验收主要包括成果文件验收、建造过程验收和陆地完工验收；安装阶段质量验收主要包括成果文件验收、安装过程验收和安装完工验收；调试阶段质量验收主要包括成果文件验收、单机设备调试验收和设备系统调试验收。对设计阶段、建造阶段、安装阶段和调试阶段的质量验收内容、基本规定、规范和标准进行了详细介绍，选取各阶段的典型案例，对海洋石油工程建设过程中的经验教训进行了总结。规范了海洋工程建设各阶段的验收内容和验收标准，避免了验收因漏项或验收标准的降低而影响工程质量，同时能使各方尽早对验收项和验收标准达成一致，并逐项进行验收，提高验收效率。总之，本书的内容来源于海洋工程建设的第一线，有很强的针对性和实用性，对工程建设中的设计、建造、检验、安装和调试各个阶段的质量验收工作都具有十分重要的指导意义。

　　本书的出版立足于几十年海洋石油工程建设的经验，是设计、建造、检验、安装和调试各个板块技术的积累，离不开海洋石油工程设计、建造、检验、安装和调试战线上各类技术人员的辛勤工作。

本书由海洋石油工程股份有限公司科技发展部组织，设计、建造、检验、安装和调试各个板块具有经验的技术人员参与了本书的编写，同时也得到了各级部门领导和专家的鼎力支持和帮助，在此向所有关心指导本书编写的同志们表示衷心的感谢！

编者

2019年10月

目　录

概　　述

1.1　海洋工程发展概况

从 1957 年在海南岛莺歌海海域追溯海面油苗算起，到 2018 年为止，中国海洋石油工业已经走过了 61 年的发展历程，在半个多世纪的发展过程中，中国海洋石油工业从无到有，从小到大，现在已成为中国能源工业的重要组成部分。

海底管道是海洋工程开发的关键结构，在国际上已有较长的发展历程。从 1954 年 Kellogg Brown & Root 海洋工程公司在美国的墨西哥湾铺设了第一条海底管道以来，世界各近海海域成功铺设了无数条各种类型、各种管径的海底管道。

我国海底管道的铺设，因海洋工程发展缓慢，装备与技术相对落后而起步较晚。1973 年，我国首次在山东黄岛采用浮游法铺设了从系泊装置至岸上的三条 500 m 海底输油管道。1985 年，渤海石油海上工程公司在埕北油田也采用浮游法成功地铺设了钻采平台之间的 1.6 km 海底输油管道。随着海洋石油对外开放的进一步深入和海上铺管技术、设备的进步，在最近的十几年里，我国依靠自行设计、自行施工，在渤海、东海和南海海域开发生产的油、气田中，采用铺管船法铺设了数条各种类型的海底管道，主要包括双重保温输油管道、单层输气管道、单层输水管道、单层油气混输管道，还有两条同时绑在一起铺设的子母管道等。

铺管技术随着海域水深的增加也相应得到了大发展。到目前为止，主要方式有浮游法、悬浮拖法、底拖法、离底拖法、铺管船法及深水区域的"J"形铺管法等。铺管设备已发展到箱体式铺管船、船型式铺管船、半潜式铺管船和动力定位式铺管船等。

当今深海是世界油气勘探开发的热点，随着"981"钻井平台、"蛟龙号"深潜器等一批我国自主研发的深海工程装备的投入使用，中国在深水油气开发行业中逐渐占据一席之地。在海底管道领域，中国也正在攻关深水立管系统、复杂地质条件下海管工程技术等前沿技术，加快追赶国际先进技术的步伐。

1.1.1　深水立管系统

国外深水开发模式主要有"浮式钻采平台＋水下井口＋海底管网""半潜式平台＋水下井口＋浮式贮存卸油装置"和"浮式贮存卸油装置＋水下生产系统"三种模式，国内南海深水模式为"浮式钻采平台＋水下设施＋浮式贮存卸油装置"，如图1.1所示。

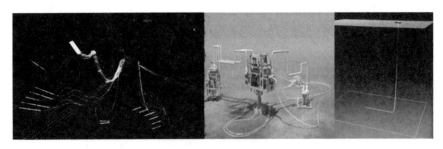

图1.1　海底管道的设计

无论何种深海开发模式，深水立管系统都属于关键路径上的核心技术，承担生产和回注，输出、输入流体介质，钻完井及修井等重要功能。深水立管系统具有大静水外压、高内压、特殊强度及刚度要求、复杂波浪力载荷、强海流作用、六维度上部浮体运动影响等特点，技术难度极高。当前，仅有美国、巴西、挪威、英国等少数几个国家掌握了深水立管系统工程技术。

深水立管系统主要包括钢悬链线立管、顶张紧式立管、挠性立管、混合立管四种类型。钢悬链线立管适用于深水湿式采油树，具有成本低、无须顶张力补偿、对浮体运动的容度大、适用于高温高压介质环境、占平台空间小、水下施工难度小等优点。顶张紧式立管适用于深水干式采油树，具有可进行完井操作，不需使用单独的钻井平台等优点。挠性立管适用于深水水下及水上环境，具有弯曲刚度低、便于预制及储存、施工方便、成本低、对浮体运动的容度大等优点。混合立管是刚性立管与柔性立管的结合，适用于复杂深水环境，具有水下布置条理性高等优点。

1.1.2　深水复杂环境及高温高压条件下的海管工程技术

随着海底管道逐渐遍布世界的各个海域，海沟、陆坡、礁石、极不平坦海床、波流冲刷等深水复杂环境及高温高压条件下的海底管道成为国际研究的热点和难点。

深水复杂环境下的海底管道工程，不仅要求在理论知识上取得突破，而且对于海管保护措施、现场施工方法等学科交叉新领域的要求也大为提升。海沟和陆坡地形易造成海底管道悬跨、管道侧向移位、管道发生局部屈曲，其他诸如沙波沙脊、礁石、地震、断层地质、波流冲刷等复杂环境，可能引发管道总体屈曲、管道裸露和海管失稳等各类问题，对于海底管道工程的实施及安全是巨大的挑战。

高温高压是当前深水海底管道工程的另一个焦点。高温高压介质易带来管道强度降低及疲劳问题、引发管道总体屈曲和管道行走，对管道防腐、流动安全保障产生不利影响。

我国在深水复杂环境下海底管道工程技术方面取得了一定突破。开发了海管跨越支撑设计及冲刷评估分析技术，并得到了国际权威技术机构的认证，开发了地震危险区域的抗震设计分析技术，形成了海底管道三维数字化海床模拟技术。这些核心技术的攻克将为海底管道行业技术创新突破和引领示范奠定坚实基础，为我国南海开发战略的全面实施吹响号角。

1.2　海底管道发展概况

从我国海底管道的设计和施工能力上看，通过不断的探索研究和实践，发展壮大了一支专业化的海底管道设计和施工队伍。

海底管道作为海上油气资源传导输送的重要设备，被业界称为"海上生命线"。中国从无到有、从浅海走向深海的一步步历程，都离不开海底管道设计和施工技术的发展。

1.2.1　别样的海上"互联网"

国内的互联网行业高速发展，"互联网+"成了网络热词，并对国内实体经济带来了巨大冲击。

在海洋工程中，也有一张"互联网"，它就是纵横交错的坐落在海床上，被誉为海上"大动脉"的海底管道系统，其布置如图1.2所示。它将海底的油气资源输送到全国各地，为工业用油、生活用气提供便利。目前，国内已经建成的海底管道总长约6 000 km。

国内的海底管道行业起步于20世纪80年代，比国际行业晚了约30年。先后经历了从无到有的创业起步孕育期、逐步发展成长的青春期和目前风华正茂的青年期。经过几十年的发展，这些海底管道已经遍布渤海、南海等各个海域。

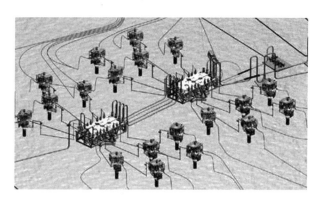

图1.2 海底管道布置

1.2.2 技术"拓荒"与行业萌芽

1985年，中国最早的海上油田——埕北油田投产，当时国内没有海底管道工程技术人才，只能是"外国人干，我们看"，海底管道技术亟待"拓荒"。

中国海底管道工程技术人员通过国外公司技术培训，有了一定的技术支持，国内海底管道工程行业也在此时开始萌芽。在1987年独立成功完成了国内第一个海底管道工程设计项目。到了20世纪90年代，完成了当时最长的双层保温管道工程和我国首例海底液化石油输送管道工程。

随着其他大型整装油田项目的自主完成，以及工程临界状态评估设计方法、海管注水铺设方法、电阻焊海管等多项创新技术在国内首次应用，完成了海底管道领域从无到有的技术突破。

1.2.3　跨过山腰，奔向山峰

如今，国内常规水深海底管道设计、建造、安装、维保技术已较为成熟，形成了包括海底管道工艺设计、强度设计、稳性设计、防腐设计、建造及施工技术以及维抢修技术等内容的常规水深海管技术体系。这些技术已在国内350 m水深范围内的近300条海底管道工程中得到成功应用与实施。

以重点项目为依托，我国成功开发并应用了带在线三通的海管膨胀分析、较深水复杂条件下海管疲劳悬跨分析和高效能双金属复合海管技术等创新内容，夯实了海管技术体系基础。

近年来，为了掌握顶张紧式立管、钢悬链线立管等深水立管关键技术，海管及立管技术研究团队一方面加大国际高端深水海管人才引进，加强技术引领；另一方面通过科研攻关，对内联合高校"搭平台"，对外学习"请洋老师"，以加大自主研发力度。

1.2.4　迈过浅水，挺进深海

海底管道铺设设备从铺管方式上，主要分为"S"形、"J"形以及卷筒式铺管船。海底管道铺设技术的发展通过浅水走向了深海，开发了一套高效、安全的海底管道安装工程技术，解决了南海大陆坡复杂地形及恶劣海况作用下的海管高精度铺设难题，覆盖了从浅滩至1 500 m水深的海底管道铺设施工和保护。构建了适用于我国全海域的海底管道应急维抢修技术。解决了海底管道带压开孔、在役改线、缺陷检测及查找修复等服役期海管维抢修技术难题，形成了一套海管临时及永久修复工程技术。

海底管道焊接技术也经历了跨越式的发展。从手工电弧焊发展到半自动气体保护焊，再发展到全自动焊。随着海底管道从浅水逐步发展向深水、各种海管类型的出现、越来越多的大壁厚和高强度的钢材的不断应用以及施工条件恶劣，在海底管道铺设过程中开始向自动化、系统化方向发展。

海底管道的无损检测主要指的是在海底管道安装阶段，对于海底管道对接焊缝的无损检测。21世纪以前，海底管道对接环焊缝无损检测主要采用射线检测（radiographic testing，RT）技术和手动超声波检测（manual ultrasonic testing，MUT）技术。近年来，铺管船舶作业能力和效率都有大幅提升，自动焊的采用让焊接速度提高数倍，这对无损检测技术的精度和速度提出了更高的标准，海底管道无损检测技术朝着清洁、高效、准确的方向迅猛发展。鉴于RT技术效率低、有辐射危害、产生危废物等缺陷，先进的超声波检测技术和设备得以迅猛发展，包括全自动超声波检测（automatic ultrasonic testing，AUT）技术、相控阵超声波检测（phased array ultrasonic testing，PAUT）技术和时差衍射超声波检测（time of flight diffraction，TOFD）技术，并逐步替代RT技术，成为海底管道的无损检测技术的首选。

2

海底管道工程质量验收概述

2.1 海底管道工程概述

管道运输是油气运输中最快捷、经济、可靠的方式。据国外专家统计，某些发达国家通过管道油气运输方式的运输量约占油气运输总量的2/3之多，油气的管道运输在原油和天然气的生产、精炼、储存及至用户的全过程中起到了重要的作用。

海上油田按油气集输外运方式可划分为码头式、单点系泊式、登陆式等。就海底管道而言，主要有海上油田内部的油、气集输管道和注水管道，海上油田到陆地(陆地处理厂、炼厂和储油装置)的输油、气管道，陆地到装卸油品的系泊装置间的海底管道及岛屿或与岸联结的海底管道等。其中，海底管道不同于陆地管道，它中间无增压和加热设施。尤其是深水海底管道，通常具有距离长、环境条件恶劣、高压低温的特点。对这样的管道输送系统而言，一旦在管道中出现蜡、水合物、砂沉积等有可能堵塞海管的固态物质，将对管道输送安全构成威胁，严重时水甚至可能堵塞管道，破坏设备，影响输送安全。因此海底管道设计的合理性、可行性及各种工况输送下完善的流动安全保障是保障海上油田正常生产的关键，是海上油气田开发的生命线。

海底管道可以连续输送，几乎不受环境条件的影响，不会因海上储油设施容量限制或穿梭油轮的接运不及时而迫使油田减产或停产，故其输油效率高且运油能力大。另外，海底管道铺设工期短、投产快、管理方便和操作费用低。但管道处于海底，多数又需要埋设于一定深度的海底土中，检查和维修困难，而且某些处于潮差或波浪破碎带的管段（尤其是立管），受风浪、潮流、冰凌等影响较大，有时可能被海中漂浮物和船舶撞击或遭受抛锚破坏。我国海域已经发生多起渔船的打鱼网破坏海底管道的事故。

海底管道按输送介质可划分为海底输油管道、海底输气管道、海底油气混输管道和海底输水管道等，从结构上看可划分为双重保温管道和单层管道。对于国内海底管道来说，浅水海底管道一般分布于渤海和南海的北部湾地区，较深水海底管道一般分布于东海和南海地区。

海底管道工程主要包括设计、建造和安装。工程建设阶段的工程设计可分为方案设计、详细设计、施工设计和完工设计四个阶段，其中施工设计包括适用于建造施工的加工设计和适用于安装施工的安装设计。海底管道的方案设计在项目确定阶段完成，其余设计工作和海底管道的建造、安装都在实施阶段完成。

2.2 海底管道工程的实施

海底管道工程的实施，首先是根据基础数据和设计阶段前期确定的方案进行设计；然后再进行海底管道陆地预制建造，建造过程主要包含材料验收、海底管道陆地预制、焊接检验、节点防腐施工及检验等；最后进行海底管道的装船、运输和安装施工。

在整个海底管道工程中，设计贯穿始终，每个设计阶段都需要前一个阶段提供基础性文件，需要对前一个阶段的设计成果和设计深度进行确认，每个设计阶段完成后需要向后面的阶段进行技术交底。

2.3 海底管道工程的质量验收

国内海洋石油工程发展数十年来，海底管道工程一直参照国外相关标准进行工程开发建设。在海底管道的设计、建造、安装、检验过程中，结合各类标准，根据实际工作情况，逐步建立了一套适用于中国海洋石油工程建设的工程技术文件。通过编写本书，加强了技术积累，提升了海底管道工程建设的质量管理与控制，规范和统一了海底管道工程设计、建造和安装过程的质量验收标准。

工程质量就是在国家和行业现行的有关法律、法规、技术标准、设计文件和合同中，对工程的安全、适用、经济、环保、美观等特性的综合要求。海底管道工程质量验收就是海底管道工程建设成果在建设单位自行质量检查合格的基础上，业主对建设成果和相关成果文件的质量进行检查，根据相关标准以书面形式对质量合格情况做出确认的过程。验收过程涉及业主、承包商和第三方。业主为合同成果的接受方，通常为工程建设项目的投资方。承包商为合同成果的提供方，通常为由业主或操作者雇佣来完成某些工作或提供服务的个人、部门或合作者。第三方为由业主聘请的独立于业主和承包商的油（气）生产设施发证检验机构，分别对设计、建造和安装过程进行发证检验。安装设计文件的验收过程一般如下：将初版的安装设计成果文件提交给业主，征求业主意见，业主审查后，将意见返回给设计方，设计方对意见进行回复，并根据意见对成果文件修改升版，提交给业主审批，成果文件同时由业主发给发证检验机构进行审核，设计方负责对成果文件的发证检验机构意见进行回复，成果文件由发证检验机构和业主批准后，在文件上加盖发证检验机构和业主的批准章，批准后的文件发给施工方，用于后续施工。

海底管道系统附件及其他材料验收的质量管理应有健全的质量管理体系和质量记录文件。海底管道系统附件及其他材料验收的质量验收通常由发证检验机构和业主进行验收。海底管道系统附件及其他材料验收包括但不限于水泥压块制作及验收，海底切断阀、冷弯管、热煨弯头、腐蚀监控装置等构件验收，收发球筒制作及验收，保温管材料制作及验收，等等。

海底管道安装作业流程中要对海上作业工况、船舶性能参数、海底管道质量和安全以及安装作业可控性进行密切监控，项目组要制订应急预案，对可能发生的应急情况进行风险监控。

验收工作可以由业主完成或由业主和业主指定的第三方共同完成。验收时需要根据重要程度，将验收内容分为重点验收项目和一般验收项目。重点验收项目是海底管道在工程建设过程中对安全、质量、环保、适用、经济等起决定性作用的验收项目，是工程建设的关键步骤，该验收项目需要业主等相关方确认。一般验收项目是除重点验收项目之外的验收项目，是项目进行过程中的常规检查项。

海底管道设计阶段验收

3.1 概述

本章的设计阶段质量验收指的是对建造之前设计阶段的质量验收，预制建造和安装设计的质量验收将在第4章和第5章进行说明。

在设计阶段，海底管道设计成果文件主要包括海底管道设计图纸、计算分析报告和设计料单。设计的质量验收主要是对设计成果文件的验收，通常由业主和业主指定的第三方进行验收。

设计质量验收程序：供业主征求意见（issued for comments，IFC）版设计成果文件提交给业主征求意见，业主审查后，将意见返回给设计方，设计方对意见进行回复，并根据意见对成果文件修改升版，征求业主无意见后，升为供业主审批（issued for approval，IFA）版，正式报业主审批，成果文件同时由业主发给业主指定的第三方进行审查，设计方负责对成果文件的第三方意见进行回复，成果文件由业主和第三方批准后，在文件上加盖业主和第三方的批准章，验收合格后，业主需要出具签署后的设计验收报告。设计验收流程如图3.1所示。

设计质量验收应按下列要求进行：

（1）设计方应有健全的质量管理体系和质量记录文件；

（2）设计成果应符合相关技术标准、业主规格书和合同要求，设计质量应符合本部分的要求；

（3）设计质量的验收应在设计单位自行检查评定合格的基础上进行；

（4）设计文件验收合格后，验收方应在文件上加盖批准章；

（5）一个阶段验收后，业主应组织设计单位向下一个工程阶段的承包商进行技术交底，验收合格的成果文件由业主正式移交下一个工程阶段。

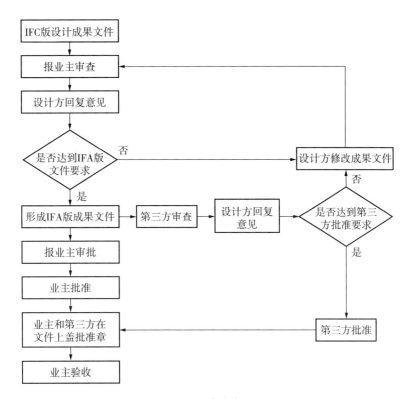

图3.1 设计验收流程

3.2 基本规定、规范和标准

3.2.1 基本规定

本部分按照海上油气田开发工程设计阶段及设计内容、设计深度,对流动保障、结构和防腐设计的成果文件列出了验收项目和验收要求。

位于不同海域的海底管道设计要求的工作内容不同,需要验收的成果文件和验收项目应予以区分和选择。

设计成果文件主要包括设计图纸、设计报告和设计料单。按照成果文件的重要程度,可分为重点验收项目和一般验收项目,设计图纸和报告为重点验收项目,设计料单为一般验收项目。

业主审图和第三方审图都是设计验收的一部分，本部分只规定了业主审图的内容和要求，第三方审图按第三方的要求执行。业主需要对所有成果文件进行批准；第三方需要按照合同以及相关的法律、法规、规范和标准对设计成果的合规性进行审查。

3.2.2　规范和标准

设计阶段依据的主要规范和标准如下：

（1）《DNV–OS–F101（2005）海底管道系统》

（2）《API RP 1111（1999）海底上烃类管道的设计、建造、操作和维修推荐做法（极限状态计）》

（3）《API Spec 5L（2000）管道钢管》

（4）《ASME B31.4（2016）液态烃和其他液体输送管道系统》

（5）《ASME B31.8（2016）输气和配气管道系统》

（6）《SY/T 7053（2016）海底管道总体屈曲–高温高压下的结构设计推荐做法》

（7）《ASCE（2001）埋地钢质管道设计指南》

（8）《DNVGL-RP-B401（2017）阴极保护设计推荐做法》

（9）《DNVGL RP-F103（2016）电偶阳极对海底管道的阴极保护》

3.3　地质资料和环境资料专项验收要求

3.3.1　简介

设计基础数据由业主提供给设计单位作为设计基础，基础数据的准确和齐全是保证设计质量验收合格的前提。

设计开始前，业主应对地质资料和环境资料分别进行验收，验收合格后，由业主提供最终环境条件报告，将资料和最终环境条件报告交由设计单位并据此进行设计。用于设计的基础数据来源于地质资料和环境资料。

3.3.2　地质资料

海底管道路由工程地质和物探参数，至少应包括的数据如下：

（1）工程地质：主要包括土壤参数，应包括钻孔点各层土壤类型、原状土及重塑土的排水和不排水剪切强度、水下重、土壤的颗粒比重、土壤的含水量、轴向摩擦系数、纵向摩擦系数，以及海泥电阻率等。

（2）工程物探：应包括海底管道沿线障碍物（岩石露头、大漂石、沉船、海底装置、海底电缆和已有海底管道等），穿跨越已有海底管道、电缆和航道情况，沙波、陡坡、浅层气和不稳定基础，海底沉积物等。

（3）地震参数：包括地震加速度、地震谱和对应出现概率的特征值。

3.3.3 环境资料

环境资料至少应包括的数据如下：

主要包括水深、风、波浪、海流、水位、冰、环境温度（空气温度、海水温度、海底泥温）、海生物、冲刷、海水密度等海洋水文、海水电阻率、气象数据、海水及沉积物中硫酸盐还原菌等数据。

3.4 流动保障设计成果文件的质量验收

3.4.1 简介

流动保障需要根据业主要求、设计基础资料、施工资源、相关的规范标准以及审查通过的设计方案进行设计、计算分析，根据分析结果，完成流动保障设计成果文件。海底管道设计的质量验收主要是对这些成果文件的验收。

3.4.2 流动保障设计报告

1）分类

流动保障设计报告按照所输送介质种类不同分为混输、输油、输水、输气流动保障设计报告。

2）质量验收

（1）按照表3.1的内容对流动保障设计报告进行质量验收。

表3.1　流动保障设计报告的质量验收内容

报告名称	验收项目	验收要求
流动保障 设计报告	所列的模拟工况种类	与流动保障设计规格书一致
	流程合理	与平台上部组块工艺相关流程一致
	对工况的分析内容	包含对工况的描述以及分析结论
	对计算模拟的结果	要求经济合理地保障海底管道内流体的安全流动

（2）按照表3.2的内容对保温材料设计料单进行质量验收。

表3.2　流动保障保温材料设计料单的质量验收内容

料单名称	验收项目	验收要求
流动保障保温 材料设计料单	保温管道基础设计参数	与设计基础规格书数据一致
	保温半瓦参数	使用在节点处的保温半瓦尺寸描述准确
	保温材料性能参数	要求包含节点处和管体的保温材料密度和导热系数参数，其数值要求正确
	保温材料用量	要求包含节点处和管体的保温材料重量、半瓦块数等参数，并计算正确

3.5　海底管道结构设计成果文件的质量验收

3.5.1　简介

海底管道需要根据业主要求、设计基础资料、施工资源、相关的规范标准以及审查通过的设计方案进行设计、计算分析，根据分析结果，校核壁厚、路由等，完成海底管道设计图纸、分析报告和设计料单等设计成果文件。海底管道设计的质量验收主要是对这些成果文件的验收。

3.5.2　海底管道结构设计图的质量验收

1）验收文件

海底管道结构图纸包括主要图纸（海底管道总体布置图、海底管道路由布置图、立管布置图、膨胀弯布置图、弯管详图、海底管道管体详图）和其他图纸（钻井船避让区详图、海底法兰连接详图、悬挂法兰详图、锚固件详图、半瓦详图、立管及膨胀弯吊装附件详图、水泥垫块及吊装框架图）。

2）海底管道总体布置图

（1）海底管道总体布置图是对海底管道整体布置的详细描述，具体包括的内容见表3.3中详细的验收项目。

（2）按照表3.3的内容对海底管道总体布置图进行质量验收。

表3.3　海底管道总体布置图的质量验收内容

图纸类型	验收项目	验收要求
海底管道总体布置图	管道名称、规格、长度及相对位置	与设计基础规格书及业主提供的数据一致
	管道方向	与业主提供的管道方向及平台位置一致
	管道关键点坐标（起点、转折点、连接点、切点、终点等）	与设计基础规格书及业主提供的油田及管道布置图一致
	管道与其他管道、海缆等的距离	距离足够满足安装规格书、铺设及挖沟要求
	坐标体系描述（WGS-84）	与业主提供的坐标系数据一致
	平台位置示意图	与业主提供的油田及管道布置图一致

3）海底管道路由布置图

（1）在路由预选的基础上，进行工程地球物理探测。工程地球物理探测包括水深测量、侧扫声呐探测、地层剖面探测和磁法探测。工程地球物理探测的目的是查明海底地形地貌、海底面状况、海底障碍物、海底浅地层特征和不良地质现象等。水深测量、侧扫声呐探测、地层剖面探测和磁法探测所得到的数据，应进行综合分析、解释。

（2）工程地质取样和土工试验。工程地质取样的目的是获得海底土质的工程类型、物理化学性质及力学性质。工程地质取样的方法可采用重力式取样、振动式取样和钻孔取样等。

土工试验的基本内容包括含水量、容重、比重、液限和塑限、颗粒分析、贯入级数和抗剪强度。

（3）海洋水文气象要素观测和推算。海洋水文气象要素包括气象、波浪、潮位、海流、水温、泥温和海冰等项目。海洋水文气象要素观测和推算的目的是获得海洋水文气象的统计参数值。获得海洋水文气象的统计参数值的步骤如下：收集和整理已有的海洋水文气象资料，包括路由区附近气象站资料、船舶测报资料和附近潮位站资料；资料不足时，应在路由区设立临时观测站进行实际观测；根据收集到的资料和实际观测资料进行统计学的推算。

（4）海底管道路由布置图描述的是海底管道路由水深、地质地貌、管道走向、关键点坐标、悬跨允许长度、跨越位置和挖沟及保护等内容，如图3.2和图3.3所示。

图3.2　路由保护

图3.3　抛石回填保护

（5）按照表3.4的内容对海底管道路由布置图进行质量验收。

表3.4　海底管道路由布置图的质量验收内容

图纸类型	验收项目	验收要求
海底管道路由布置图	路由选择	与路由选择报告一致，如避开障碍物及不良地质、易于施工等
	管道信息描述，包括管径、壁厚、涂层、水下重、设计压力及水压试验压力、附属件位置等	与业主提供数据及设计基础规格书数据一致
	管道每公里点和关键点的坐标	与业主提供的油田布置图一致
	管道悬跨允许长度、跨越位置及数量	与海底管道总体布置图的信息及悬跨计算的数据一致
	管道路由水深	与业主提供的路由勘察报告中水深一致
	沿着管道路由的地形剖面图	与业主提供的路由勘察报告一致
	管道挖沟形式及保护	与挖沟及保护设计的要求一致
	路由弯曲段的水平曲率半径	弯曲半径应满足海底管道稳定性及铺设施工的要求

4）立管布置图

（1）立管布置图纸描述的是立管在平台上的位置、立管界面点、立管卡子位置和法兰位置等内容。

（2）按照表3.5的内容对立管布置图纸进行质量验收。

表3.5　立管布置图的质量验收内容

图纸类型	验收项目	验收要求
立管布置图	立管的位置和数量	与设计基础规格书、总体专业图纸一致
	立管卡子标高	满足立管涡激振动计算的要求
	悬挂法兰位置、型式等信息	满足导管架专业设计悬挂卡子的要求
	立管及附属件参数（外径、壁厚、等级等）	与设计基础规格书、立管计算报告一致

图纸类型	验收项目	验收要求
立管布置图	立管弯管参数（外径、壁厚、等级、角度、曲率半径）	与弯管图纸一致，曲率半径满足各阶段通管要求（常规为5倍的直径以上）
	立管斜率	与导管架专业一致
	干涉情况	不应与导管架结构干涉

5）膨胀弯布置图

（1）膨胀弯布置图描述的是膨胀弯在平台附近的布置、关键点坐标及膨胀弯保护等内容，如图3.4所示。

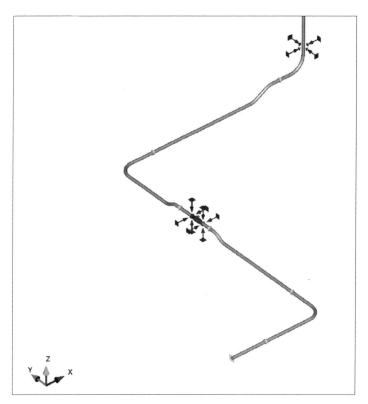

图3.4　膨胀弯布置

（2）按照表3.6的内容对海底管道膨胀弯布置图进行质量验收。

表3.6　海底管道膨胀弯布置图的质量验收内容

图纸类型	验收项目	验收要求
膨胀弯布置图	膨胀弯走向	满足立管及膨胀弯强度计算要求和施工要求
	平台位置（坐标、与真北方向夹角等）	与海底管道总体布置图一致
	管道及附属件参数（外径、壁厚、等级等）	与设计基础规格书、立管计算报告一致
	膨胀弯连接点坐标	与业主提供的油田及管道总布置图一致
	挖沟起始点、终点坐标（如存在）	与业主提供的油田及管道总布置图一致
	膨胀弯保护型式及范围	满足落物计算、立管计算及施工的相关要求

6）海底管道弯管图

（1）海底管道弯管图描述的是弯管参数、管材参数和涂层参数等内容。

（2）按照表3.7的内容对海底管道弯管图进行质量验收。

表3.7　海底管道弯管图的质量验收内容

图纸类型	验收项目	验收要求
海底管道弯管图	弯管参数：管径、壁厚、等级、弯曲半径、弯曲角度、直管段长度	与设计基础规格书、立管计算报告及立管图纸一致
	弯管涂层参数	与设计基础规格书及防腐专业要求一致

7）海底管道管体详图

（1）海底管道管体详图描述的是海底管道截面、节点焊接形式、管道及涂层基本参数等内容。

（2）按照表3.8的内容对海底管道管体详图进行质量验收。

表3.8　海底管道管体详图的质量验收内容

图纸类型	验收项目	验收要求
海底管道管体详图	管体截面图参数	与设计基础规格书、防腐专业数据一致
	典型对接焊图参数	满足焊接施工的要求
	防腐涂层、配重层在管端的预留量	满足海底管道焊接和检验施工机具的要求
	双层管中间垫块、空隙及保温层厚度参数	满足内管能够套入外管的要求

3.5.3　海底管道其他图纸的质量验收

1）验收文件

海底管道其他图包括钻井船避让区详图、海底法兰连接典型图、悬挂法兰详图、海底管道锚固件详图、海底管道半瓦详图、立管及膨胀弯吊装附件详图、海底管道水泥垫块及吊装框架图。

2）质量验收

按照表3.9的内容对海底管道其他图纸进行质量验收。

表3.9　海底管道其他图纸的质量验收内容

图纸类型	验收项目	验收要求
钻井船避让区详图	避让区范围、位置	与业主提供的信息一致
	管道布置的位置	避开避让区
	管道走向	满足膨胀弯强度计算要求
海底法兰连接典型图	与法兰连接的管道数据（管径、壁厚、等级、涂层信息）	与设计基础规格书一致
	法兰数据（磅级、尺寸、涂层等）	满足法兰强度要求，与法兰规格书一致
	与管道连接的法兰类型及法兰和管道的距离	满足陆地预制及海上施工要求

图纸类型	验收项目	验收要求
悬挂法兰详图	与法兰连接的管道数据 （管径、壁厚、等级、涂层信息）	与设计基础规格书一致
	法兰数据（材料等级、尺寸、涂层等）	满足强度要求，与法兰规格书一致
海底管道锚固件详图	与锚固件连接的管道数据 （管径、壁厚、等级、涂层信息）	与设计基础规格书一致
	锚固件数据（材料等级、尺寸、涂层等）	满足强度要求，与锚固件规格书一致
海底管道半瓦详图	半瓦数据（管径、壁厚、等级、涂层信息）	与外管一致
	保温材料（如果有）	应满足保温要求
立管及膨胀弯吊装附件详图	吊绳长度、吊点坐标	与吊装计算分析结果一致
	立管、膨胀弯的长度及角度	与立管、膨胀弯图纸一致
	斜撑的长度、斜撑和卡子位置	与吊装计算输入一致
	管道数据（管径、壁厚、等级、涂层信息）	与设计基础规格书一致
	吊装附件数据 （卡子数、卡子尺寸、螺栓数量等）	与吊装计算输入一致
海底管道水泥垫块及吊装框架图	水泥垫尺寸、厚度	满足落物保护的要求
	框架数据（材料、尺寸等）	满足吊装要求

3.5.4　海底管道计算报告的质量验收

1）验收文件

海底管道结构计算报告包括主要的计算报告（路由选择、在位计算分析、稳定性分析、正常铺设和挖沟分析、立管和膨胀弯强度分析、跨越分析、隆起屈曲分析、侧向屈曲分析、不平整度分析报告）和其他计算分析报告（落物分析、立管和膨胀弯吊装分析、悬挂法兰分析、锚固件分析报告）。

2）海底管道路由选择报告

根据油气管道的用途和总体布局在海图上进行路由预选。

在路由预选时应根据尽可能得到的路由海区已有的自然环境资料、海洋开发活动及其规划资料、已建海底电缆管道资料等，综合考虑进行路由预选，在情况复杂的海域，可选择2~3个比较方案，待路由调查后确定。对于有登陆的管道应进行登陆点现场踏勘，选择有利于管道登陆的区段作为登陆点。

（1）海底管道路由选择报告是为了使管道长度、所用材料和建造费用减至最小，管道在两个目的地之间的路由走向在可能的情况下应尽量采取直线。然而，路由障碍物、海底形态、管道跨越、安装与登陆方式的局限等因素都可能使得管线采用弯曲的路由走向。具体包括管道的最小水平弯曲半径、跨越数量、总体布置、线路选择、登陆方式、路由关键点的坐标等内容。

（2）按照表3.10的内容对海底管道路由选择报告进行质量验收。

表3.10　海底管道路由选择报告的质量验收内容

报告名称	验收项目	验收要求
海底管道路由选择报告	管道路由整体布置	避开避让区、抛锚区域；避开可能引起管道过度悬空和弯曲的任何低陷和底部障碍物；避开可能的有害区域，如凹坑密集区、水下障碍物等
	弯曲路由的最小水平弯曲半径	管道的最小允许水平弯曲半径应满足管道稳定性及铺设的要求
	管道路由关键点的坐标	与设计基础规格书、总布置图、路由图一致
	悬跨和跨越数量	悬跨和跨越数量最少，如需要进行海床处理，应保证最小处理量

3）海底管道在位计算分析报告

海底油气管道强度分析与设计，目前有两种方法：一是容许应力法，以DNV 1981为代表的，包括ASEM 31.4和ASEM 31.8在内的规范和做法；二是极限状态法，以DNV-OS-F101和APIRP 1111规范和做法为代表。

采用容许应力法，在世界范围内设计了众多的海底管道，现在仍然被工程设计单位应用。由于该方法比较成熟，国际上的工程公司和科研机构开发出大量与之配套的计算机软件，并且这些软件已经商业化，较容易购买和使用。

海底油气管道强度分析与设计方法的发展趋势是极限状态法，容许应力法随着时间的推移将会被极限状态法替代。但目前在海底油气管道强度计算的某些领域，诸如地震作用下的强度计算等还没有成熟的极限状态法计算公式。

容许应力法的基本准则：$\sigma \leqslant \eta\, \sigma_{\mathrm{f}}$

极限状态法（也称载荷—抗力系数法）是2000年以后才开始得到初步的应用，由于该方法的理论是基于可靠度理论，在理论体系上比容许应力法复杂，目前虽然已经设计了一些海底油气管道，但在具体分析方法和设计中，国际上各工程设计单位也不尽相同，目前也没有与之配套的商业化计算机软件。随着该方法越来越多的应用，极限状态法也会逐步成熟起来。

根据DNV OS F101规范的划分，极限状态如下：

操作极限状态（serviceability limit state，SLS）：如果超过该状态，不再适于正常运行。

极端极限状态（ultimate limit state，ULS）：如果超过该状态，管道完整性将遭到破坏。

疲劳极限状态（fatigue limit state，FLS）：考虑累积循环载荷效应的极端极限状态。

偶然极限状态（accidental limit state，ALS）：由偶然载荷导致的极端极限状态。

对于强度分析分为以下几类：压力控制、载荷控制（包括弯矩，有效轴力和内外部超压力）、位移控制。

（1）海底管道在位强度计算分析报告对内压爆裂、外压压溃和扩展屈曲3种失效形式，分别计算钢管在各工况条件下选用不同钢管等级时所需要的最小钢管壁厚；结合项目特点，考虑一定裕量后，选择初步的壁厚，并结合膨胀分析、地震分析等工况，校核管道在位强度满足规范的要求。平管的悬跨分析是计算各工况条件下的管道最大临界悬跨长度，以确保管道不会因自由悬跨导致失效破坏，如图3.5和图3.6所示。

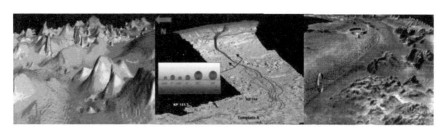

图3.5　悬跨的危害

图3.6 悬跨

（2）按照表3.11的内容对海底管道在位计算分析报告进行质量验收。

表3.11 海底管道在位计算分析报告的质量验收内容

报告名称	验收项目	验收要求
海底管道在位强度计算分析报告	输入数据（工艺参数、管道参数、环境参数、土壤参数等）	与设计基础规格书一致
	管道壁厚和强度选择	采用管道内压爆裂、外压压溃、扩展屈曲计算所需的最小壁厚及等级
	热膨胀分析	计算管道端部膨胀量，用于立管及膨胀弯强度分析
	组合工况校核	热膨胀、地震分析等载荷进行组合，并按照规范进行校核
	悬跨计算	静态和动态悬跨计算的最小值，作为最小允许悬跨长度

4）海底管道稳定性分析报告

海底油气管道的稳定性是指海底油气管道铺设到海床上或者进行挖沟埋设后，在海流、波浪、土壤、重力和浮力等作用下，保持长期的稳定性。不包括由于海床本身在海流、波浪和地震等作用下，发生的海床冲刷和淤积塌陷、断裂和移动等不稳定因素造成的海底油气管道的稳定性问题。海床本身的稳定性也是海底油气管道工程的重要课题，但并不属于海底油气管道在海床上的稳定性范围内。

（1）海底管道的稳定性可分为以下两种。

一是垂向稳定性。管道操作期间，对管道进行垂向稳定性分析是为了校核管道在土壤中可能存在的下沉和上浮。其原则是不能浮起。二是侧向稳定性。即在浪流的作用下侧向运动。

（2）如果管道在海流、波浪和浮力的作用下
不能保持在海床上的稳定性可以采用以下措施：

① 给管道施加混凝土配重涂层。该方法是最
常用和最成熟的方法，其做法是在钢管的防腐涂层
外面涂上混凝土配重涂层，涂层的厚度和密度根据
前述的计算得到。混凝土配重涂层如图3.7所示。

② 给管道压块（垫）或者锚固。给管道压
块（垫）是在已铺设的管道上压上混凝土块体或
者混凝土充填的袋体（也可以用其他材料充填）。

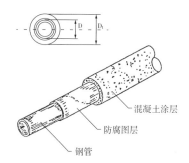

混凝土涂层
防腐图层
钢管

图3.7　涂上混凝土配重涂层的
管道

由于压块或者压垫是不规则形状，因此在理论上计算压块或者压垫所受的海流力
和波浪力比较困难。在实际的应用中，通常以重力和浮力的比值（1.5~2.0）来控
制。在岩石构成的海床上，也可以采用锚固管道的方式，该方式适用于海流力和
波浪力较大的海域。

③ 抛石覆盖和挖沟埋设。抛石覆盖是在已铺设的管道上施以抛石覆盖管
道。石块的名义直径在5~200 cm之间，密度应不小于2 000 kg/m³。抛石覆盖所
形成的坡角不应大于30°，直径小的石块放在底层，直径大的石块放在上层。

挖沟埋设是通过挖沟的方式将管道沉入到海床以下一定深度，通常1~2 m，
如有特殊要求，需按照特殊要求处理。如果管道挖沟沉入到海床以下一定深度
可以满足稳定要求，可以不采用人工回填埋设，管道在敞开的沟中稳定性分析
可以按照"管道在海床上的稳定性分析方法"计算。如果计算不满足要求，可
以采用人工回填埋设的方式。

管道在海床上的稳定性分析方法计算公式如下：

侧向稳定性计算公式：$SF=\dfrac{\mu[W_S-F_L(t)]+F_H(t)}{F_D(t)+F_I(t)}$

其中，μ 为侧向摩擦系数；W_S 为管子水下重；F_L 为浮力；F_D 为拖拽力；F_I 为惯
性力；F_H 为土壤摩擦力。

垂向稳定性计算公式：$\gamma_{se}-R_v<\gamma_p<\gamma_{se}+R_v$

其中，γ_{se} 为土壤等效的单位重量；R_v 为土壤摩擦力；γ_p 为管子单位重量。

④ 其他措施。除了上述的三种常用措施外，还可以采用管道内充水来保持

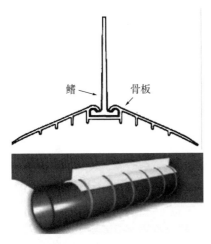

图3.8　管道上安装阻流板

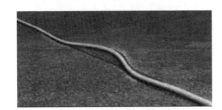

图3.9　管道海床上稳定性

施工期间的稳定性，也可以采用在管道上安装阻流板保持管道的长期稳定性。阻流板（spoiler）技术，也可称为海底管道自埋器技术，这是一项新技术，图3.8是该技术产品的应用示意。该项技术的基本原理：在海流的作用下，产生向下的力，使管道下沉，逐渐埋入海床以下，保持管道的长期稳定性。

（3）海底油气管道在海床上的稳定性主要有两个方面的内容：海底油气管道在海床上的稳定性和海底油气管道在挖沟埋设后的稳定性。管道海床上稳定性如图3.9所示。

（4）海底管道稳定性包括侧向稳定性和垂向稳定性。侧向稳定性是管道在自重、海洋水动力、管土作用等影响下，校核管道侧向稳定。管道的垂向稳定性，校核的是管道在土壤中可能出现的沉陷或上浮情况。

（5）按照表的3.12内容对海底管道稳定性分析报告进行质量验收。

表3.12　海底管道稳定性分析报告的质量验收内容

报告名称	验收项目	验收要求
海底管道稳定性分析报告	输入数据（管道参数、环境参数、土壤参数等）	与设计基础规格书一致
	管道侧向稳定性分析	采用稳性分析软件计算时，应满足相应软件分析方法的要求
	管道稳定性保护措施	需要混凝土配重或挖沟保护
	管道垂向稳定性	对于黏土，校核管道是否会发生下沉和上浮；对于砂土，计算出管道的下沉量

5）海底管道正常铺设和挖沟分析报告

海底管道投资规模大、工期长。施工方法的选择尤为重要，好的施工方法能够控制成本、保证进度和降低风险。施工方法的选择需要综合评价，需要从技术、投资和工期等因素综合考虑。

（1）海底管道主要铺设方法有以下几种。

① 拖管法（浮拖法、近底拖法、底拖法）；

② 铺管船铺设法（"S"形铺管法、"J"形铺管法和卷管式铺管法）；

③ 围堰法。

（2）铺设海底管道最常用的方法是铺管船法。

目前有3种不同类型的铺管船，包括传统的箱型铺管船、船型铺管船以及半潜式铺管船；按定位形式又可分为锚泊定位和动力定位2种形式的铺管船；最常用的4种类型的铺管船是常规铺管船、半潜式铺管船、动力定位式铺管船和卷管式铺管船。

普通船型式铺管船吃水深度相对较深，适合需要承载较重设备或高起吊力时使用。半潜式铺管船通常是非自航式，但也可采用动力定位系统。半潜式铺管船船型巨大，作业线多设置在船的中央，其最大的特点就是稳定性强，可以在比较恶劣的环境中以及深海海域施工作业。

铺管船法铺管主要有3种铺设方式："S"形铺管法、"J"形铺管法、卷管式铺管法（见图3.10）。

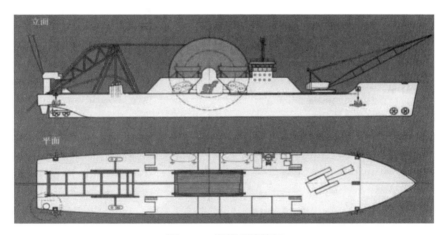

图3.10　卷管式铺管船

"S"形铺管法一般需要在船艉部增加一个很长的圆弧形托管架，管道在重力和托管架的支撑作用下自然的弯曲成"S"形曲线。目前，"S"形铺管法是技术最成熟、应用最广泛的深水铺管法。

1998年建成的"Solitaire"号代表了最新一代的"S"形铺管船，该船载重量达22 000 t，采用动力定位系统，已经完成了大量海底管道铺设工程，保持着2 775 m的海底管道铺设水深最大纪录。"S"形铺管法如图3.11所示。

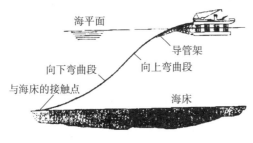

图3.11 "S"形铺管法

（3）海底管道正常铺设分析和挖沟分析报告主要进行管道的正常铺设分析及挖沟分析，采用项目选定的铺管船参数，进行管道的正常铺设分析，校核铺管船能满足铺设要求；挖沟分析是采用管道路由土壤、挖沟深度等参数，校核管道在挖沟弯曲过程中强度能满足规范要求。常见的挖泥船和挖沟机如图3.12和图3.13所示。

抓斗式挖泥船

吸扬式挖泥船

链斗式挖泥船

铲斗式挖泥船

图3.12 挖泥船

图3.13　挖沟机

（4）按照表3.13的内容对海底管道正常铺设和挖沟分析报告进行质量验收。

表3.13　海底管道正常铺设和挖沟分析的质量验收内容

报告名称	验收项目	验收要求
海底管道正常铺设和挖沟分析报告	输入数据（管道参数、船舶参数、环境参数等）	与设计基础规格书一致
	管道的正常铺设分析	分析得到的管道受力结果，应满足规范校核要求
	混凝土配重层的校核（如果有）	混凝土受力结果应满足最大许用应变要求
	挖沟分析	校核管道在挖沟状态下，强度满足要求，确定挖沟的深度及沟形
	充水和空管应力校核	满足选用规范标准的要求

6）立管和膨胀弯强度分析报告

（1）立管和膨胀弯强度分析主要内容包括立管壁厚校核、立管涡激振动计算以及强度校核。

（2）按照表3.14的内容对立管和膨胀弯强度进行质量验收。

表3.14　立管和膨胀弯强度分析的质量验收内容

报告名称	验收项目	验收要求
立管和膨胀弯强度分析报告	输入数据（工艺参数、管道参数、环境参数、土壤参数等）	设计参数应与设计基础规格书一致，膨胀量数据应与在位强度分析报告一致
	模型建立	模型应与设计基础规格书及立管图纸一致

（续表）

报告名称	验收项目	验收要求
立管和膨胀弯强度分析报告	壁厚校核	采用管道内压爆裂、外压压溃、扩展屈曲校核立管壁厚及等级
	立管涡激振动分析	计算出立管卡子的位置，提供给导管架结构专业进行卡子设计
	立管及膨胀弯强度校核	对计算结果进行后处理，校核强度满足规范要求
	立管焊颈法兰校核	提取立管焊颈法兰受力，校核法兰及螺栓强度满足法兰规格书要求

7）海底管道跨越分析报告

（1）海底管道跨越分析报告是对管道跨越已建管道、海缆或其他海底结构物进行管道的强度分析。

（2）按照表3.15的内容对海底管道跨越分析报告进行质量验收。

表3.15　海底管道跨越分析的质量验收内容

报告名称	验收项目	验收要求
海底管道跨越分析报告	输入数据（工艺参数、管道参数、环境参数、土壤参数等）	设计参数应与设计基础规格书一致
	跨越位置、跨越形式、高度	与已建管道/海缆、跨越图纸等信息一致；跨越支撑结构类型安全可靠，便于施工；新建管道与已建管道/海缆垂向净距保证至少0.3 m
	管道强度校核	对计算结果进行后处理，校核强度满足规范的要求

8）海底管道隆起屈曲分析报告

（1）海底管道隆起屈曲分析主要内容包括计算管道在埋设状态，高温高压条件下，会发生隆起屈曲，发生后采取什么措施。

（2）按照表3.16的内容对海底管道隆起屈曲分析报告进行质量验收。

表3.16 海底管道隆起屈曲分析的质量验收内容

报告名称	验收项目	验收要求
海底管道隆起屈曲分析报告	输入数据（工艺参数、管道参数、环境参数、土壤参数等）	设计参数应与设计基础规格书一致
	管道初始缺陷	一般应对初始缺陷高度进行敏感性分析，通常采用0.3 m初始缺陷作为控制工况进行分析
	隆起屈曲分析	覆盖土厚度足够抵抗管道隆起屈曲
	隆起屈曲控制措施	措施合理且易于施工，通常的措施为增大覆盖土厚度

9）海底管道侧向屈曲分析报告

（1）海底管道侧向屈曲分析主要内容包括计算管道在不埋设状态下，会发生侧向屈曲，发生后采取什么措施。

（2）按照表3.17的内容对海底管道侧向屈曲分析报告进行质量验收。

表3.17 海底管道侧向屈曲分析的质量验收内容

报告名称	验收项目	验收要求
海底管道侧向屈曲分析报告	输入数据（工艺参数、管道参数、环境参数、土壤参数等）	设计参数应与设计基础规格书一致
	可能性评估	通过管道最大有效轴向力与临界有效轴向力比较，判断发生侧向屈曲的可能性
	侧向屈曲分析	通过有限元分析模型校核屈曲会发生，如果发生，评估侧向屈曲后果可以接受
	侧向屈曲控制措施	措施合理且易于施工，通常的措施为挖沟、增加管道配重、设置侧向屈曲触发装置等

10）海床不平整度分析报告

（1）海床不平整度分析主要包括计算不平整海床上的管道，在安装、水压试验、操作等不同工况下，管道产生的悬跨会超出许用悬跨值，如果超出后，需采取什么措施。

（2）按照表3.18的内容对海床不平整度分析报告进行质量验收。

表3.18　海床不平整度分析的质量验收内容

报告名称	验收项目	验收要求
海床不平整度分析报告	输入数据（工艺参数、管道参数、环境参数、土壤参数等）	设计参数应与设计基础规格书一致
	悬跨长度	管道在不平整海床上的悬跨值应小于悬跨计算的许用悬跨值
	悬跨处理措施	措施合理且易于施工，海床处理量和处理费用少，通常的措施如削平海床波峰、填平海床波谷等
	采取处理措施后效果	采取措施后重新得到的悬跨值应在许用范围内

3.5.5　海底管道其他计算分析报告的质量验收

1）验收文件

海底管道其他分析报告包括落物分析、立管和膨胀弯吊装分析、悬挂法兰分析、锚固件分析报告。落物分析报告主要是计算管道的失效概率，制定管道保护措施；立管和膨胀弯吊装分析报告主要是分析吊装的可行性，确定吊机能力；悬挂法兰分析报告主要是对整体锻造式悬挂法兰使用有限元进行强度校核，确定法兰尺寸及材料等级；锚固件分析报告主要是使用有限元软件校核强度，确定锚固件尺寸及材料等级。

2）质量验收

按照表3.19的内容对海底管道其他分析报告进行质量验收。

表3.19　海底管道其他分析的质量验收内容

报告名称	验收项目	验收要求
落物分析报告	输入数据（管道参数、吊机频率等）	设计参数应与设计基础规格书一致
	管道的失效率	近平台的管道安全等级定义为"高"，应满足规范的可接受失效概率

（续表）

报告名称	验收项目	验收要求
落物分析报告	管道保护措施	近平台管道通常采用水泥垫块进行管道保护
立管和膨胀弯吊装分析报告	输入数据（管道参数、吊绳参数等）	设计参数应与设计基础规格书一致
	模型建立	模型应与设计基础规格书及立管和膨胀弯图纸一致
	管道强度校核	满足规范要求，从而确定吊点位置、吊机能力
悬挂法兰分析报告	输入数据（管道参数、工艺参数、悬挂法兰参数等）	设计参数应与设计基础规格书、悬挂法兰图纸一致，荷载参数应与立管报告提取数据一致
	模型建立	模型应与设计基础规格书及悬挂法兰图纸一致
	强度校核	满足规范中对管道附属件的校核要求
锚固件分析报告	输入数据（管道参数、工艺参数、锚固件参数等）	设计参数应与设计基础规格书、锚固件图纸一致，荷载参数应与立管报告提取数据一致
	模型建立	模型应与设计基础规格书及锚固件图纸一致
	强度校核	满足规范中对管道附属件的校核要求

3.5.6 海底管道设计料单的质量验收

1）验收文件

海底管道结构设计料单包括管材、水泥配重层、法兰、锚固件、悬挂法兰和水泥垫块料单等。

2）质量验收

按照表3.20的内容对设计料单进行质量验收。

表3.20 海底管道设计料单的质量验收内容

料单名称	验收项目	验收要求
管材料单	管材参数（规格、等级、长度等）	与设计基础规格书、管材规格书一致
	管材数量	与管道路由图、立管及膨胀弯图一致

（续表）

料单名称	验收项目	验收要求
管材料单	管材裕量	满足项目需求，裕量合理
	焊工考试、试验等用量	满足焊工考试、焊接评定等试验用料要求
水泥配重层料单	水泥配重层参数（尺寸、密度厚度、管端预留量等）	与设计基础规格书、水泥配重层规格书一致
	水泥配重层数量	与设计基础规格书、管材料单一致
	水泥配重层裕量	满足项目需求，裕量合理
法兰料单	法兰参数（法兰类型、磅级、涂层、连接管道直径及壁厚等）	与设计基础规格书、法兰规格书一致
	法兰数量	与立管及膨胀弯图纸一致
	法兰附属件数量（螺栓、螺母、垫片）	与法兰数量匹配，并考虑一定的裕量
	法兰裕量	满足项目需求，裕量合理
	焊接用试验环	满足焊接试验用料要求
锚固件料单	锚固件参数（锚固件类型、材料等级、涂层、连接管道直径及壁厚等）	与设计基础规格书、锚固件图纸、锚固件规格书一致
	锚固件数量	与立管及膨胀弯图纸、路由图一致
	锚固件裕量	满足项目需求，裕量合理
	焊接用试验环	满足焊接试验用料要求
水泥垫块料单	水泥垫块参数（尺寸、密度等）	与立管及膨胀弯图纸、路由图一致
	水泥垫块数量	与立管及膨胀弯图、路由图、跨越图等使用水泥垫块的图纸一致
	水泥垫块裕量	满足项目需求，裕量合理

3.6 海底管道防腐设计质量验收

3.6.1 海底管道防腐设计报告的质量验收

1）海底管道材料选择与腐蚀评估报告

（1）海底管道材料选择与腐蚀评估报告中采用腐蚀预测模型对海底管道内部介质腐蚀速率进行预测，判断腐蚀严重程度，据此推荐海底管道材质。此项质量验收要审查腐蚀环境、计算模型及软件、缓蚀剂效率等关键项。

（2）按照表3.21的内容对材料选择与腐蚀评估报告进行质量验收。

表3.21 材料选择与腐蚀评估报告的质量验收内容

类别	验收项目	验收要求
计算基础	腐蚀环境	明确输送物流中腐蚀介质，是否含有硫化氢，是否属于酸性环境
	计算模型	指出选用计算模型
	计算软件	满足计算软件名称及版本
	缓蚀剂效率	满足缓蚀剂效率要求
	设计寿命	与设计基础规格书一致
计算过程	输入参数	根据规范及计算软件要求，输入典型年份的相关技术参数
	腐蚀量	根据典型年份腐蚀速率及设计寿命计算总的均匀腐蚀量
	腐蚀裕量	依据腐蚀量和缓蚀剂效率计算
材料选择	选材方案	根据腐蚀速率计算结果和腐蚀评估结果，进行全面的寿命周期成本分析，推荐是用普通碳钢材料还是耐蚀合金

2）海底管道阴极保护计算报告

（1）海底管道阴极保护计算报告依据规格书要求进行计算，取得所需的牺牲阳极数量，是开展阳极布置图的基础。此项质量验收要审查计算过程中保护电流密度、保护电位、阳极电化学效率、阳极电阻、阳极发出电流等关键参数。

（2）按照表3.22的内容对海底管道阴极保护计算报告进行质量验收。

表3.22 海底管道阴极保护计算报告的质量验收内容

类别	验收项目	验收要求
计算基础	保护电流密度	满足海底管道阴极保护规格书要求
	保护电位	按阴极保护规格书取值
	阳极电化学容量	与规格书一致

（续表）

类别	验收项目	验收要求
计算基础	阳极类型	手镯式铝基牺牲阳极或等效类型
	阳极利用系数	按规格书的要求
	涂层破损率	满足规范的要求
计算过程	保护面积计算	计算需阴极保护面积
	保护电流	用保护面积乘以平均保护电流密度，得出总的电流需求
	单块阳极净重	根据阳极的尺寸，计算阳极净重
	末期阳极电阻	按规格书要求计算
	末期输出电流	根据末期阳极尺寸计算末期阳极直径，得出末期阳极电阻及输出电流
	最大阳极间距	满足规范要求
	阳极数量校核	阳极数量应能同时满足末期电流密度、平均电流密度要求及阳极间距要求

3.6.2　海底管道防腐设计图纸的质量验收

1）海底管道防腐设计阳极结构图纸

（1）海底管道阳极结构图是阳极铸造的依据，此项质量验收要检查阳极内径、厚度等是否满足要求；检查阳极净重、毛重是否正确；检查阳极数量是否有误。

（2）按照表3.23的内容对海底管道阳极结构图纸进行质量验收。

3.23　阳极结构图纸的质量验收内容

类别	验收项目	验收要求
海底管道阳极结构图	阳极结构类型	带配重海底管线与不带配重海底管线的阳极结构有差异，带配重层海底管线的阳极厚度需与配重层厚度匹配，应分别明确立管、膨胀弯和平管阳极结构
	阳极结构尺寸	阳极内径、长度、厚度应与阳极计算报告匹配，阳极净重、毛重、阳极数量需满足要求
	阳极芯位置	阳极芯位置满足安装要求

2）海底管道防腐设计阳极布置图纸

（1）海底管道阳极布置图纸是现场施工的基础，此项质量验收要检查阳极位置是否合理，阳极数量是否满足阳极间距和海底管道总长度要求。

（2）按照表3.24的内容对海底管道阳极布置图纸进行质量验收。

表3.24　海底管道阳极布置图的质量验收内容

类别	验收项目	验收要求
海底管道阳极布置图	阳极安装位置	阳极预制时安装在每根管段的中间
	阳极分布	平管段第一块阳极安装在法兰后面的第一根整管上，之后阳极按计算间距安装，最后一块阳极离管端距离需小于阳极间距的一半；立管阳极安装于飞溅区以下

3.6.3　海底管道防腐设计料单的质量验收

1）验收文件

设计料单不包括后续实施阶段材料的加工余量。

2）海底管道防腐设计牺牲阳极料单

（1）海底管道防腐设计牺牲阳极料单是采办的重要依据，检查阳极数量是否正确，阳极重量是否满足要求。

（2）按照表3.25的内容对海底管道阳极料单进行质量验收。

表3.25　海底管道阳极料单的质量验收内容

类别	验收项目	验收要求
海底管道阳极料单	阳极数量	料单应分别列出立管、膨胀弯和平管阳极数量，且与阳极图纸保持一致
	阳极重量	分别列出立管、膨胀弯和平管阳极净重与毛重

3）海底管道防腐设计节点及弯管涂层料单

（1）检查节点涂层及弯管涂层的类型、厚度、宽度及数量是否正确，是否满足要求。

（2）按照表3.26的内容对海底管道节点及弯管涂层料单进行质量验收。

表3.26　节点涂层料单的质量验收内容

类别	验收项目	验收要求
海底管道节点涂层料单	节点涂层类型	料单应满足海底管道的设计温度、节点涂层类型选型
	节点涂层尺寸	分别列出节点涂层厚度、宽度及管线外径
	节点涂层数量	根据海底管线长度决定
海底管道弯管涂层料单	弯管涂层类型	类型选型，比如是缠绕型PP热缩带还是PE热缩带，带底漆还是不带底漆
	弯管涂层尺寸	分别列出节点涂层厚度、宽度及管道外径
	弯管涂层数量	涂层数量根据弯管数量及长度决定，考虑一定测试用量
其他辅料	用于阳极安装的热缩带	满足热缩带类型、厚度、宽度、管道外径、设计温度及数量
	用于阳极安装的马蹄脂	满足马蹄脂规格及数量
	用于节点填充的铁皮	分别列出铁皮规格及数量

4）海底管道防腐设计绝缘垫片料单

（1）检查绝缘垫片的类型、设计温度、设计压力、数量是否正确，是否满足要求。

（2）按照表3.27的内容对海底管道绝缘垫片单进行质量验收。

表3.27　海底管道防腐设计绝缘垫片料单的质量验收内容

类别	验收项目	验收要求
海底管道绝缘垫片料单	设计基础	绝缘法兰的设计规范、设计温度、设计压力、海底管道内径及绝缘法兰类型
	绝缘垫片类型	应与绝缘法兰匹配
	绝缘垫片材质及数量	明确绝缘垫片、绝缘套筒等材质，检查数量正确
	绝缘强度	检查绝缘强度满足要求

5）海底管道防腐设计绝缘接头料单

（1）检查绝缘接头的类型、设计温度、设计压力、数量是否正确，是否满足要求。

（2）按照表3.28的内容对海底管道绝缘接头料单进行质量验收。

表3.28　海底管道防腐设计绝缘接头料单的质量验收内容

类别	验收项目	验收要求
海底管道绝缘接头料单	设计基础	海底管道内径、设计温度、设计压力
	绝缘性能	检查绝缘电阻和绝缘强度满足要求
	绝缘接头绝缘材料	满足绝缘性能的要求
	绝缘接头内外涂层厚度及类型	满足料单的要求

海底管道陆地预制建造阶段验收

4.1 概述

4.1.1 简介

本章介绍的海底管道陆地预制建造阶段质量验收指的是对海底管道陆地预制建造阶段技术成果文件、海底管道陆地预制建造阶段过程以及陆地完工的质量验收。

（1）在海底管道陆地预制建造阶段，成果文件主要包括用于指导现场施工的程序、报告、图纸及方案类文件。海底管道陆地预制建造过程主要包含材料验收、海底管道陆地预制、焊接检验、节点防腐施工及检验等施工过程。

（2）海底管道陆地预制建造阶段对成果文件和施工过程的验收，通常由业主和由业主指定的第三方进行验收。

（3）陆地完工阶段主要是海底管道陆地预制建造完工状态检查和完工文件整理。海底管道陆地预制建造阶段设计及施工流程如图4.1所示。

4.1.2 海底管道陆地预制建造施工流程

海底管道陆地预制建造施工流程主要包括坡口加工、消磁、预热、焊口组对、封底和热焊道焊接、填充焊接、盖面焊接、AUT无损检验、焊接返修和节点防腐等环节。如图4.2~图4.7所示。

4.1.3 海底管道环焊缝无损检测技术分类

1）射线检测技术

（1）检验方法。所有法兰锚固件对接焊缝（当需要时）射线检验100%焊缝

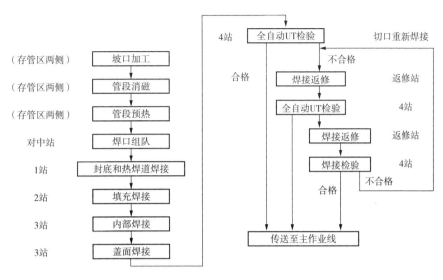

图4.1　海底管道陆地预制建造阶段设计及施工流程

图4.2　坡口加工

图4.3　焊口组对

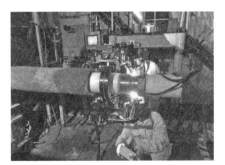

图4.4　封底与热焊道焊接

图4.5　填充与盖面焊接

图4.6　AUT无损检验

图4.7　节点防腐

长度。（根据现场情况，使用单壁单影法或者双壁单影法。）存在缺陷的焊缝，经过返修或切割后，依据批准的程序重新进行测试检验，要满足起始的必要条件。

① 射线设备。200/250/300 kV 定向或周向的X射线设备将被使用，焦点尺寸要求不大于3 mm×3 mm。管线海上铺设期间可能使用X射线爬行器设备，如图4.8所示，焦点尺寸要求不大于3 mm×3 mm。

图4.8　无线遥控X射线爬行器

② 洗片。海底管道对接环焊缝射线检测胶片采用机洗或手洗。

③ 光源。应使用可变光源，观片设备应提供柔和的背景灯光，避免在底片上引起杂乱反射、阴影或底片上的眩光。用于评判射线底片的设备，应提供足够的可变光源，使得在规定黑度范围内的指定透度剂金属丝可见。从底片外侧边缘周围或底黑度部分的光线应不影响底片的评判。

④ 增感屏。检验对接焊缝时应使用铅增感屏。前屏厚度0.127 mm，后屏厚度为0.127 mm。定期检查增感屏，防止屏上污垢、污点影响底片的影像质量。

⑤ 胶片。工程一般使用柯达或阿克法胶片，胶片型号需满足规格书相关要求。胶片存储：为曝光胶片应存储在清洁干燥的地方，环境状况不能对胶片的感光乳剂产生有害的影响，存储温度在5~30℃，搬运胶片要小心，避免物理损伤，比如压伤、折痕。胶片储存环境应符合胶片制造商的要求。

⑥ 安全。应急工具、铅板、铅防护、伦琴计（校准）、警示牌、警戒绳（带警示标记）、警报灯。

（2）射线步骤。

① 外观检验。焊缝进行外观检验，任何修补工作在射线作业前完成。射线操作者检查焊缝表面任何不规则部位，避免影响最终射线底片的评判。

② 几何关系。

a. 几何不清晰度计算如下：几何不清晰度 $= FD / (S-D)$

其中，F 为焦点或源尺寸；D 为被检工件到胶片的距离；S 为焦距。

b. 几何不清晰度不能超过下列要求：

a）材料厚度 $\leqslant 2$ in*

b）几何不清晰度：0.020

说明：材料厚度为像质计放置位置的材料厚度。

③ 像质计和灵敏度。依据被检工件厚度选择像质计，射线底片上可见最小线丝达到2.0%。如果像质计采用胶片一侧放置时，应紧贴像质计放置字母"F"标记。应使用线型像质计。

④ 底片黑度。X射线底片评定区域的黑度范围为2~4。

⑤ 散射线。如有需要，可暗袋后放置3 mm厚的铅板，防止散射线对胶片灰雾度的影响。在暗袋后放置高度为12.5 mm的B铅字，如果底片上有亮的影响，背面需防护。有B字影像的任何射线底片是不合格的。

⑥ 胶片处理。应当每天对洗好的X射线的胶片进行黑度检查，使用已知黑度的控制片来检查洗片过程情况。对于洗好的片子，应当检查黑度的变化，并将其记录在过程控制表上。高于或低于极限值，都应在图表上标明，并采取可以被监控的控制措施。如有必要，应当对结果进行分析，采取纠正措施。胶片上应当没有由于洗片或其他等可能影响评片的缺陷。洗片和保管的措施，应当保证胶片至少在5年之内保持原有的质量不发生变化。

⑦ 胶片的标记。胶片的标记不影响胶片评定区域的评定。每张胶片使用铅字符号，至少需要显示以下信息：

a. 工程名称；

b. 节点号；

---

* 英寸（in）：非法定长度单位，1 in = 2.54 cm。

c. 管材尺寸和厚度;

d. 检验日期;

e. 焊工号;

⑧ 评片条件。观片设备应能提供柔和亮度的背景灯光,不会在胶片上产生讨厌的反射,阴影或玄光。用于评片的观片设备提供足够强度的光源,可以观察到规定黑度范围内透度计指定线丝。观片的条件,使从胶片边缘以外或底黑度区域的管线不影响底片的评定。

评片时,将使用以下设备:

a. 鉴定过的密度片;

b. 能观看黑度达到4.0的高亮度可变观片灯;

c. 放大镜;

d. 验收标准;

e. 满足黑度条件的暗室。

⑨ 数据位置。所有焊缝沿长度方向都应有确切的数据标记,每部分的标记在检验时都能清晰识别。焊缝顶部12点位置标记的数据不能被擦除,其他点沿顺时针方向间隔50 mm。信息应包括工程名称、节点号、焊工号、管材尺寸。

⑩ 胶片搭接。胶片搭接至少25 mm,1 in。

(3)底片的评判。观片者评片时配备校准过的黑度计,密度片和观片灯。关于底片质量解释的相关信息都应记录在底片盒上及射线报告上。

评片人员应具有ASNT CP-189—2006二级或三级或同等资质,并通过业主的批准。

(4)验收标准。

碳钢焊缝RT验收标准参照DNV-OS-F101(2005)附录D(见表4.1)。

表4.1 射线验收标准

缺陷类型	验收标准1)2)3)	
	单个缺陷(所有尺寸mm)	任意300 mm范围内累计尺寸(mm)
气孔1)2)		
分散的	直径<0.25 t,最大3	最大投影区域的3%
密集4)	2,尺寸最大12	最多一组或<12

蛀孔	长度：0.5 t，最大12，宽度 t/10，最大3	最多2个
空心	长度：t，最大25，宽度1.5	2 t，最大50
孤立的5）	直径＜ t/4，最大3	－
线状6）	直径＜2，群长度：2 t，最大50	2 t，最大50
夹杂1）2）3）7）		
孤立的	直径＜3	12，最多4个，间隔最小50
单个线状	宽度：最大1.5	2 t，最大50
平行线状	宽度：最大1.5	2 t，最大50
内含物		
钨	直径＜0.5 t，最大3	12，最多4个，间隔最小50
铜，丝	如探测到，不允许	－
未焊透1）2）3）7）		
根部	长度：t，最大25	t，最大25
内部8）	长度：2 t，最大50	2 t，最大50
未熔合1）2）3）7）		
表面	长度：t，最大25	t，最大25
内部	长度：2 t，最大50	2 t，最大50
裂纹	不允许	
根部凹陷		－
根部咬边	深度：t/10，最大1	t，最大25
过透	0.2 t，最大3，长度：t，最大25	2 t，最大50
烧穿		
不连续总累计长度		

除气孔，任意300焊缝长度最大累计长度3 t，最大100
最大12%焊缝长度
任何焊缝截面上缺陷的累积可能会形成裂缝通道或者减少焊缝有效厚度超过 t/3的都是不可接受的。

注：

1）被小于最小缺陷长度或者缺陷组隔离开的体积缺陷可以看作是一个缺陷

2）如果几个细长形缺陷处于一条线上，且彼此间被小于最小长度的缺陷隔离开，应该看作是一个缺陷

3）对于焊层超过0.2 t 长度的焊道，参考303条中的附加要求

4）对于密集型气孔面积，最大占10%

5）孤立气孔之间应被超过5倍最大气孔直径的距离隔开

6）如果气孔不是孤立的并且如果4个或者更多的气孔与通过气孔外侧且平行的于焊缝的一条线相切，则这几个气孔是处于一条线上的。处于一条线上的气孔应通过超声波检验进行校核。如果超声波检验显示出一个连续性缺陷，那么应采用未熔透缺陷的接受标准

7）任何焊缝交叉点不允许缺陷存在

8）采用双面焊，根部仅为中间1/3

---

① t 为壁厚，下同，不再注明。

2）手动超声波检测技术（MUT）

（1）概述。

超声波检验是一种利用材料及其缺陷的声学性能差异对超声波传播波形反射情况和穿透时间的能量变化来检验材料内部缺陷的无损检测方法。超声波检测是导管架结构焊缝内部质量最普遍和最重要的检测方法。

（2）设备要求。

超声波检验通常使用A型显示的脉冲反射式检测仪，设备示例如图4.9所示。

图4.9　脉冲反射式检测仪

① 一般对超声设备相关要求如下：

a. 应采用配用探头频率范围为1~6 MHz的脉冲式超声波探伤仪。

b. 应该采用A型显示的设备。

c. 仪器的动态范围必须做到1 dB幅度的变化，并且能够很容易被察觉。

d. 仪器的水平线性的误差范围在1%以内。仪器的垂直线性的误差范围在5%以内。

e. 仪器应在不小于60 dB的范围内，有 ± 2 dB范围之内的衰减准确度。

f. 探头发射超声波到IIW试块的100 mm半径的曲面上，再接收回波，调整灵敏度，使显示屏上的波高达到满屏的75%，保留40 dB的灵敏度增益。

② 一般对超声探头相关要求如下：

a. 至少一个纵波直探头，传感器直径在1/2~1 in（12.7~25.4 mm）范围内，标称频率2 ~ 2.5 MHz。

b. 应当使用的晶片尺寸为8 ~ 25 mm宽，8 ~ 20 mm高的探头。

c. 最大的宽高比为1.2 : 1.0，最小宽高比为1.0 : 1.0。

d. 探头在被测试材料中产生的声波折射角应该在45°,60°,70° ± 2°的范围内。

e. 真实角度应该在试块上测量。

f. 每个探头都要明确的标出频率，折射角和入射点。

③ 一般对超声系统耦合剂的相关要求如下：

在探头和被检材料之间应使用耦合剂。耦合剂可以是甘油，也可以是其他胶与水的均匀混合物，如果需要，可以添加其他防固化剂。机油可用在参考试块上。可以选择与灵敏度校准时使用的相同或不同的耦合剂。

④ 一般对超声波系统调试校准试块的要求如下：

应当使用IIW标准试块校准超声波仪器，对比试块应满足API-RP-2X-2004的要求。

（3）设备校准。一般对超声波系统的检测校准要求如下：

在开始检验焊缝之前，由专业人员在被检焊缝附近进行灵敏度和水平扫查线性的校准。在校准时，应当关掉抑制控制旋钮。

① 对直探头的校准。直探头的校准应该在被检母材的正面进行。要求遵循下列步骤：

水平扫查的声程在仪器屏幕上，应该最少显示为两倍板厚，灵敏度调节到使第一次底面回波高度达到满屏的50%~70%。

② 对斜探头的校准

在用ⅡW试块进行特殊检测的过程时，扫查范围最少应调为一次反射声程。焊缝检测的标准灵敏度就是基准灵敏度，是通过由参考试块制定并由调整器调节的DAC曲线校正距离的。参考试块上直径小孔的最高回波高度达到基准高度时，

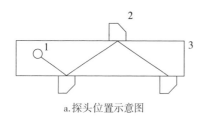

a.探头位置示意图

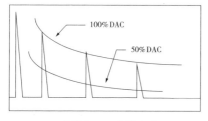

100% DAC

50% DAC

b.仪器上DAC曲线显示

图4.10　DAC曲线的制作

就确定了基准灵敏度。参考试块中的反射体的回波高度应达到100% DAC曲线。横通孔是用来模拟焊缝中所有的缺陷。参考试块被用于制作DAC曲线，DAC曲线可以表征在整个声路径上随着距离的增加，声衰减的情况，其中DAC曲线的制作如图4.10所示。

由于声波在试块和工件的衰减不同、试块和工件表面的粗糙度不同，所以需要补偿灵敏度。可使用两个相同类型的斜射声束探头进行测定，一个用作发射器，另一个用作接收器，根据参考标准在一个跨距内把两个探头彼此对准，并把信号调整到荧光屏高度的75%，在连个跨距内重新定位探头，以获取峰值信号。两个峰值点连成一条线，用同样的方法去探测被检材料，在被检材料中获得的两个峰值可连成另外一条线，记录目前的分贝值，与第一次检验时进行比较，并应用等式$C=A-B$表示。A指校准试块曲线的分贝值；B指被检材料的分贝值。如图4.11所示。

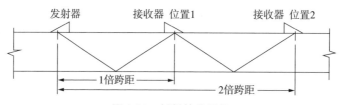

发射器　　接收器　位置1　　　接收器　位置2

1倍跨距　　　　　　2倍跨距

图4.11　材料的分贝值

UT检验员在检验之前应根据焊接点的表面粗糙度调整补偿值，除非材质、尺寸、材料结构都相同。被检面应尽量与试块的表面相同，以减少补偿量。

（4）操作方法。超声波检验操作程序按照API-RP-2X标准执行。

① 母材检测检查区域：使用纵波法对要进行扫查的整个部位进行检测，以确保没有干扰声波传播的夹层或其他层状缺陷存在。

检查方法：纵波多次反射法，直探头频率2~5MHz。时基线的调整通常采用检验母材的多次回波来调整。具体情况根据工件厚度及所应用标准确定。

扫查灵敏度的确定：以第二次底波高度为80%作为纵波探伤的灵敏度。

当在所检查的母材上发现夹层现象时，应按下列方法去处理：记录检查结果；当发现使用斜探头不可行时，可采用其他无损检验方法替代。

② 横波检查。在开始检验之前，应当向 UT 技师提供以下信息。除扫查焊缝两侧以及焊缝余高的折射角的选择外，也基于以下因素：铁素体碳钢类型；坡口形式；按照传递修正操作方法做传递修正。

③ 扫查灵敏度的确定。基准灵敏度+补偿灵敏度=探伤灵敏度粗探伤。

为了提高探伤速度，在探伤灵敏度的基础上提高 6 dB。扫查方法如图4.12所示。

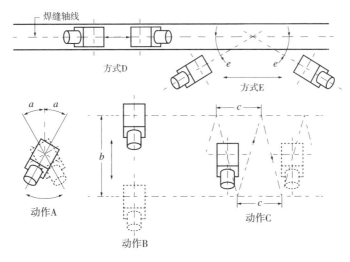

图4.12　扫查方式

a. 纵向不连续。

a）扫查动作A，转动角度$a=10°$。

b）扫查距离b必须覆盖要检测的该段焊缝长度。

c）扫查动作C，步进距离c应为探头宽度的10%~15%。注：动作A、B和C可以综合为一个扫查方式。

b. 横向不连续。

a）打磨的焊缝，当焊缝打磨平齐时使用扫查方式D。

b）当焊缝余高未打磨平齐时，建议使用45°斜探头，并用扫查方式E，探头转动角度$e=10°~15°$。

注：扫查方式必须覆盖全部焊缝。精探伤：对粗探伤时发现的超标缺陷进行

精确的评价。探伤灵敏度即粗探伤灵敏度减 6 dB。参照上述扫查方法对粗探伤时所做的标记进行精确扫查。

（5）验收。

① 缺陷定位。移动探头基本可以获得反射体的纵向定位。用区别平面反射体和柱面反射体所要求的不同角度、相同方法来探测反射体，可确定横向或短尺寸的平面反射体的大致定位。平面的角定位是指最接近垂直于产生最大幅度的探头声束轴线的位置。

② 缺陷尺寸测定。缺陷尺寸的测定应按照标准要求来确定。沿着焊缝长度方向，反射体末端波幅降低 50%（6 dB）来确定不连续的长度。

③ 当缺陷超过标准规定时，焊缝应予以返修。

（6）报告。

超声波技术员必须在检验时填写一份报告表格，清楚地标明检验工作的内部与部位。对于发现有值得注意的指示的每条焊缝，必须书写详细的报告和简图，标明每一个不连续性沿焊缝轴线的位置、在焊缝横截面内的部位、尺寸（或指示额定值）、范围、方向和类别。

（7）验收标准。

所有焊缝的评判参照 DNV–OS–F101 中表 D–5 中的要求，如表 4.2 所示。

表 4.2　超声波检验的接受标准

显示的长度，L	允许的最大反射波幅值
$L \leq t/2$，最大 12.5 mm	标准等级：+4 dB
$t/2$，最大 12.5 mm $< L < t$，最大 25 mm	标准等级：−2 dB
$L \geq t$，最大 25 mm（显示在两侧外层 $t/3$）	标准等级：−6 dB
任何 300 mm，焊缝长度内	
累积长度：t，最大 50 mm	
$L \geq t$，最大 50 mm（在中间 $t/3$ 的显示值）	标准等级：−6 dB
任何 300 mm，焊缝长度内	
累积长度：$2t$，最大 50 mm	
不允许有裂缝存在	

横向显示：如果横向反射波幅值超过同样显示的纵向反射波2 dB以上，就可以认为是横向显示。横向显示是不能接受的，除非证明不在同一平面内，在这种条件下，采用纵向显示的接受标准

对于接近允许的最长长度的显示，应确认显示的高度是小于0.2 t或者最大为3 mm

不连续的总的累积：在标准等级 –6 dB以及高于此值的情况下，反射波幅值的可接受的显示的总长不得超过3 t，在任何300 mm焊缝长度内，最大为100 mm，也不超过焊缝总长的12%。可能形成裂纹通道或减少焊缝有效厚度的缺陷在焊缝的任何截面上的累积值超过t/3是不可接受的

如果只是单面焊缝达到检验6 dB要求应当从以上允许的最大响应中扣除

注意事项：

a）标准等级被定义为相应于来自标准DNV–OS–F101中的附录D图2中描述的标准块上的侧面所钻孔或相当反射体的反射波幅值

b）超过标准等级20%的所有显示应进行调查直至操作者确定不完善的形状、长度和位置

c）不能可靠确定的显示，无论何时，每当有可能就应进行射线检验，以此方法确定的显示类型应满足表4.1的接受标准

d）反射波高度时高于时低于接受标准的纵向不完善应进行射线检验，以此方式确定的显示应满足图表的接受标准。如果射线检验不能被进行，则长度应不超过3 t，任何长度为300 mm的焊缝最大值为100 mm

e）长度、高度和深度应由适当的方法确定

f）在任何焊接接合处不允许不连续存在

　　3）自动超声波检测技术（AUT）

　　（1）AUT检测的一般规定。

　　① 人员。数据评判人员应具备满足ISO 9712标准或等同标准要求的二级或以上资质。他们应能证明校准设备的能力，在现场条件下进行操作测试并评估缺陷的尺寸、性质和位置。

　　在现场检测开始之前需提供AUT操作人员的详细信息。未经许可的检测员不能进行操作，操作人员未经许可不能任意替换。如果需要增加操作人员，在开始工作前所有的人员资质都必须得到许可。

　　② 设备。AUT检测系统（见图4.13）主要包括超声系统和记录系统。

图4.13　AUT系统

超声系统应能提供满足项目要求的通道数量，应保证在管道环向扫查一周即可对整个焊缝厚度方向的分区进行全面检测。仪器的性能应每年校验一次，对一次工作预期超过1年但不超过2年的，仪器性能可只在工作前做一次校准。校验方法参考设备用户手册。垂直线性误差应小于或等于满幅度的5%，水平线性误差应小于或等于满刻度的1%，闸门的位置和宽度应连续可调，闸门内的信号电平不低于满幅度的20%。

每个检测通道应能提供：

a. 脉冲回波或穿透法模式；

b. 1个或多个可调节起点和长度的闸门；

c. 增益调节能力；

d. 可记录满屏波幅5%~100%的波幅；

e. 可记录第一个或者闸门内最高波幅信号；

f. 可显示记录信号的波幅和声程；

g. 可使用TOFD技术。

所有超声通道的扫查偏移值至少为1 mm。

如果需要在相控阵系统中增加常规探头，譬如横向探头和TOFD探头，则这些探头参数必须在其对应的通道中进行设置。

设备必须具备TOFD技术B扫描图像显示功能。在运用TOFD检测技术时，可能需要采用2组或多组TOFD通道以确保焊缝壁厚方向的完整覆盖。

记录系统应符合下列规定：应采用编码器记录焊缝环向扫查的位置，并应配置校正模块。记录系统应清楚地指示出缺陷相对于扫查起始点的位置，允许的最大误差为±10 mm，若超出误差范围，要重新校验编码器精度，然后再进行检测。

焊缝扫查记录应包括A扫描、B扫描、TOFD图像显示方式以及耦合状态显示，也可添加其他显示方式。

采用TOFD技术时，记录系统应能做256级灰度显示并记录全射频波型。

③工艺评定。在项目施工之前，AUT检测系统应进行工艺评定，以评估该检测系统的重复性、温度灵敏度和可靠性。

④探头选择。探头参数是检测人员选择和使用探头的依据，因此，探头应标出制造厂家的名称、出厂编号、探头类型、声束入射角或折射角、楔块声速、频率及晶片尺寸等，并应符合检测技术的要求。

探头性能必须包括以下内容（不是所有参数都适用于相控阵探头）：

a. 频率；

b. 声束角度（折射角）；

c. 楔块参数；

d. 声束尺寸（与相控阵探头不相关）；

e. 脉冲形状；

f. 脉冲长度；

g. 信噪比；

h. 焦点和焦距。

此外，相控阵探头还必须包含以下参数：晶片数量和晶片间距。

TOFD探头应根据待检工件壁厚进行选择，且发射和接收探头折射角必须保持一致。TOFD探头的频率、阻尼和入射角的选取应有效地限制直通波的盲区。

如果需要，探头应与待检管件的曲率一致。

（2）参考试块。

设计要求如下：

①参考试块用于设定AUT检测系统灵敏度，同时用于校验以及监测系统运行状态。参考试块材料应从具体项目所用管材上截取。

②当需要使用焊缝制作试块时，应先对焊缝进行检测以保证里面没有缺陷（见图4.14），焊缝也应采用项目指定的材料及批准的焊接程序制作。

③对于不同种类的管料应分别进行声速及衰减测量。当壁厚相同时，声束角度变化大于1.5°将会导致声速发生变化，因此，需要对不同材质管料分别加工试块。试块设计和加工数量应依据坡口的具体参数而定。人工校准反射体的类型和尺寸应根据所需达到的缺陷检出率和检测出验收标准允许的最小缺陷的定量

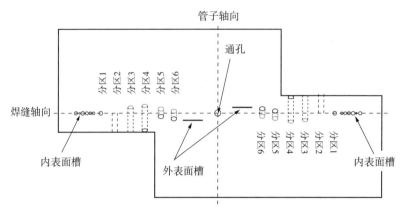

图4.14   AUT试块缺陷排布

能力的综合要求进行设计。

④ 主要的人工反射体为平底孔和表面槽，其他类型和尺寸的反射体也可以使用，但必须在设备认证的过程中进行验证。

⑤ 为检测TOFD系统性能应制作TOFD槽。

⑥ 试块应设计出足够的尺寸以便相控阵探头有足够的接触面积。

⑦ 参考试块应具有钢印标识，具有唯一的序列号，便于试块加工过程及现场检测材料跟踪。钢印记录至少包括序列号，坡口形式，管材尺寸（壁厚、直径），项目名称和材质。

⑧ 参考试块设计、制作及相关规定参照ASTM E 1961。

⑨ 反射体加工允许误差：

孔径	±0.20 mm
槽长	±0.50 mm
槽深	±0.10 mm
全部角度	±1°
反射体中心位置	±0.10 mm

（3）耦合剂。

耦合剂应具有良好的透声性和适宜的流动性，对材料、人体及环境应无损害，并应便于清理。典型耦合剂为水，在零度以下可采用乙醇水溶液或类似介质。

在试块上调节仪器和在管材上检测时应采用同一种耦合剂。

（4）检测系统调试。

① 焊缝分区。采用全自动超声检测的关键是"区域划分法"。根据壁厚、坡口形式、填充次数将焊缝分成几个垂直的区。每个分区的高度一般为1~3 mm，每个分区都由一组独立的晶片进行扫查（这种分区的扫查被称为A扫）。典型焊缝分区简图如图4.15所示，为"V"形坡口的区域划分图，依次划分为根部分区、钝边分区、热焊分区、填充分区和盖面分区。

② 静态调试。对于不同种材料，系统设置前应测定被检测管材的声速。

检测系统设置时，应将焊缝沿厚度方向进行分区，每个区用一个或两个通道进行检测。

探头位置的确定应根据坡口形式和焊缝宽度调节探头间距，使探头与焊缝中心线相对对称分布。

基准灵敏度应符合下列规定：

a. 将每个反射体回波的峰值信号调整到满屏高度的80%；

b. 在参考试块上将TOFD通道的直通波调整到满屏高的40%~90%，而噪声电平低于满屏高度的5%~10%；

c. 将耦合通道的回波峰值信号调整到满屏高度的80%（作为基准），并增加6~12 dB。

闸门及扫查灵敏度设置应符合下列规定：

a. 根焊区闸门设置应用根焊区反射体，闸门的起点应在坡口前至少5 mm，闸门终点应覆盖根焊区。根部B扫描的扫查灵敏度应在根焊区反射体回波信号80%满屏高的基础上提高6 dB，但不得影响准确评定。

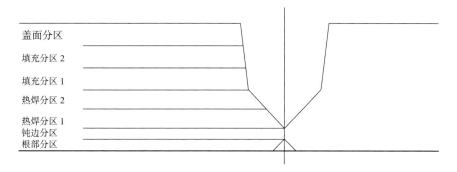

图4.15　焊缝分区简图

b. 熔合区闸门应采用熔合区的反射体设置，闸门的起点应在坡口熔合线前至少5 mm，闸门终点应超过焊缝中心线至少1 mm；

c. 体积通道的灵敏度应采用焊缝中心线上设置的附加反射体调节，扫查灵敏度应在反射体回波信号80%满屏高的基础上提高6 dB，但不得影响准确评定；

d. TOFD闸门应在参考试块上完好部位设置。闸门的起点应设在直通波前，闸门的终点应滞后底面反射波，闸门的长度应大于被检工件的壁厚。如果检测需要时，闸门的长度可包括底面反射波波形转换信号。

e. 将各个通道的时间门阈值设置为20% FSH，波幅门设置为5% FSH；颜色变化阈值设置为20%~39% FSH颜色可显示绿色，40%~69% FSH颜色可显示红色，70%~99% FSH颜色可显示黄色，超过99% FSH颜色可显示红色。

f. 输出信号应以A扫描、B扫描及TOFD等方式显示，且应能对称显示焊缝中心线两边的情况。设置的扫查记录长度应覆盖整个焊缝长度，并应有至少50 mm的覆盖。

圆周扫查速度应按下式计算：$V_c \leq W_c \cdot PRF/3$

式中，V_c为圆周扫查速度（mm / s）；W_c为用半波高度法测量时探头在检测有效距离处的最窄声束宽度（mm）；PRF为探头的有效脉冲重复频率（Hz）。

③ 动态调试。系统参数选定后，在参考试块上进行动态校准时的扫查速度应与现场检测的扫查速度相同。

系统调试应符合下列规定：每个反射体的峰值信号应达到满屏高的80%。TOFD的直通波幅度应为满屏高的40%~90%。扫查过程中参考试块上主反射体的波幅达到满屏高度80%时，其两侧临近反射体的显示波幅的变化应小于−6 dB，大于−24 dB，当未达到要求时应调节相应通道的起始晶片数或激发晶片数量。

在参考试块上进行总体扫查，耦合监视通道应保证在耦合状态良好时，扫查记录上不良耦合显示长度不应超过验收标准中允许缺陷的最小长度，否则应重新调试。耦合监测通道需要在实际管道上进行设置。

（5）现场检测。

① 表面条件。

a. 探头移动区的宽度应按检测设备、坡口形式及被检焊缝的厚度等确定，一般为焊缝两侧各不小于150 mm。

b. 焊缝两侧探头移动区内，海管制管内外焊缝（如纵缝、螺旋焊缝等）应采用机械方法打磨至与母材齐平，以保证楔块与管表面的良好耦合。

c. 探头移动区内不得有防腐涂层、飞溅、锈蚀、油垢及其他杂质。

d. 当被检测管道表面与参考试块表面粗糙度差别较大时应进行耦合补偿。

e. 防腐涂层切除长度应使端部裸管长度满足所有探头在所需偏移距离基础上至少增加 20 mm。任何配重涂层切割长度应能使扫查轨道完全安装于裸管或防腐层上，且必须满足所用扫查器运行空间需要。

f. AUT检测前，焊缝表面温度应控制在70℃以下。冷却方式参照项目批准的WPS。

② 检测标识和参考线。

a. 每道被检测焊缝应有检测标识，起始标记宜用"0"表示，扫查方向标记宜用箭头表示，所有标记应对扫查结果无影响。

b. 在检测之前，应在管材表面划一条平行于管端的参考线，参考线在检测区一侧距坡口中心线的距离应不小于40 mm，参考线位置误差为 ±0.5 mm。

③ 扫查灵敏度

扫查灵敏度应符合静态校准的规定。

④ 系统性能校验。

a. 对于海底管道，每道口检测前都应利用参考试块进行校验，每个主反射体的波幅应为满屏高度的70%~99%，其两侧邻近反射体的波幅应小于−6 dB，大于−24 dB；若主反射体的信号低于满屏高度的70%，或者高于满屏高度的99%，应对其检测结果重新评定；主反射体信号低于满屏高度的70%时，应再次校验。

b. 对于体积通道，峰值信号达到满屏高的100%为合格，否则应再次校验。

c. 检测过程中，TOFD的直通波幅度达到满屏高的40%~90%为合格，否则应再次校验。

d. 圆周位置精确度应在开工之前及每隔一个月校验一次，扫查器上编码器的零点与被检对接接头零点位置应重合，扫查至1/4、1/2和3/4圆周位置时，焊接接头扫查图上显示的编码位置应与被检对接接头上的位置相对应，其误差应为 ±10 mm，否则应重新校验编码器。

e. 在检测过程中，记录系统的耦合监视通道显示的耦合不良区域超过缺欠的最小允许长度时，应对耦合不良区域进行处理后重新扫查。

⑤ 系统校验频率。

a. 在焊缝检测前应在参考试块上进行系统校准。

b. 对于海底管道，校准频率为每1道口校准1次或业主同意的其他校准频率。

（6）缺陷显示评定。

① 缺陷显示分类。

a. 显示可分为相关显示和非相关显示。

b. 相关显示可分为线型显示和体积型显示。非相关显示应包括由错边引起焊接接头余高的变化、根焊和盖面焊以及坡口形状的变化和材料内部几何不连续等引起的显示。

c. 在超过记录电平的图像中确认相关显示，测定缺陷的尺寸和位置，判定缺陷性质，并按相应的规定进行验收。

② 缺陷显示的评定。

当缺陷显示幅值超过满屏高度的20%时，应进行数据评定。缺陷显示的评定以A扫描生成的带状图、B扫描和TOFD通道上的显示综合判定缺陷的性质和尺寸。

（7）验收标准。验收标准依据工艺要求或工程临界评估（ECA）计算建立的验收标准执行。或者可选用DNV-OS-F101（2013）验收标准执行，如表4.3所示。

表4.3　AUT验收标准

母材	缺陷位置	验收标准1）2）3）4）
	单个缺陷显示	在任意300 mm焊缝长度内最大允许的累计缺陷长度
C-Mn和低合金钢6，8）	根部	高度：低于焊道高度和0.2 t，最大3 mm；长度：t，但最大25 mm
	表面	
	内部7）	高度：低于焊道高度和0.2 t，最大3 mm；长度2t，但最大50 mm
裂纹	不允许	

气孔：（体积通道信号显示超过20% FSH）

单层焊缝：允许1.5%倍的焊缝长度；
多层焊缝：$t<15$ mm允许2%倍的焊缝长度，$t \geq 15$ mm，允许3%倍的焊缝长度

间距大于5倍最大气孔直径的气孔定义为离散单个气孔

备注：

1）体积缺陷间距小于最小缺陷或缺陷组的长度应该评定为一个缺陷

2）面积形缺陷的相互影响应该参考BS 7910（2）进行评定。相互影响的缺陷尺寸评定应该参考 BS 7910的相关要求执行

3）焊缝交接区域任何可检出的缺陷都不允许

4）规律分布在焊缝上的缺陷不允许，即使单个缺陷满足以上验收标准的要求

5）应该满足DNV-OS-F101（表4.2）的相关要求

6）本验收标准不适用于酸性介质的C-Mn钢和低合金钢

7）如果埋藏缺陷位于接近表面的区域，例如缺陷边缘到表面的距离小于缺陷自身高度的一半，那么 缺陷边缘到表面的高度也应该作为缺陷高度的一部分进行评定，并且，将该缺陷评定为根部或表 面缺陷

8）POD和AUT系统的定量精度必须满足DNV-OS-F101（2013）的要求

① 焊缝的重新检测通则。

a. 灵敏度偏差。

焊缝现场检测中，试块校准任一通道灵敏度偏差超出基准 ±2 dB应进行再检测。

b. 耦合损失。

焊缝扫查图中耦合损失长度超过该区域允许的最小缺陷长度，应进行再检测。

在同一位置相邻区域出现耦合损失，应进行再检测。

c. 校准偏差。

如果进行校准验证时发现，参数超出可接受范围（70%~99% FSH），最后一 次校准验证成功之后的所有焊缝都应重新进行再检测。

② 报告。

检测报告必须按照标准的报告格式编制。报告中至少必须包含以下信息：

a. 项目名称；

b. 管道名称；

c. 焊缝参数（包括焊口号、规格等）；

d. 日期；

e. 检测程序以及相应的版本；

f. 缺陷的起点位置；

g. 缺陷的高度，深度和长度；

h. 缺陷的横向位置（上游，下游，中心）；

i. 缺陷类型。

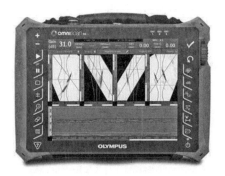

图4.16　OmniScan MX2 PAUT 系统

4）相控阵超声波检测技术（PAUT）

（1）相控阵系统。

OmniScan相控阵设备配备了高清晰的实时显示，800×600像素的SVGA分辨率，可外接键盘鼠标进行类似PC界面的操作。OmniScan MX/MX2 PAUT系统如图4.16所示。

相控阵设备应具有PE功能，并配备2 dB或者更小步进可调的控制。OmniScan设备有独立的16/32发射或接收通道。系统能够提供A扫查、B扫查、C扫查和S扫查四种图像显示。

相控阵系统包含聚焦法则生成软件，允许直接修改超声声束特性。相控阵系统可以使用外接的存储设备。便携式电脑可以通过网络连接。

除了数据存储，电脑也可以用来数据采集之后的数据分析。

如果校准中使用某项控制功能，如果影响系统校准这些功能将不能改变。

（2）系统校准。

① 相控阵系统应在开工前进行线性校准，校准的有效期为12个月；

② PAUT设备同时还要能够支持TOFD检验；

③ TOFD通道用超声波探头必须满足以下要求：

a. TOFD通道必须使用两个探头，一发一收配置；

b. TOFD通道的一对探头标称频率必须相同；

c. TOFD通道的一对探头标称频率必须相同；

d. 在扫查灵敏度下，探头的脉冲宽度不能超过2个周期；

④ 设备、探头及扫查器。

（3）校准试块。

PAUT设备应在专用的试块上进行校准，试块必须采用与生产焊缝材料系统或者相近的材料进行加工，声速测量及楔块延迟应使用IIW试块或者复合试块的弧面进行校准，TCG及灵敏度应根据ASME V的要求使用直径为2.4 mm的侧钻孔进行校准。

（4）验证试块。

试块使用材料应为项目中实际应用管材或者声速性能相近的材料并使用与实

际生产一致的焊接程序进行焊接。校准试块反射体的尺寸及位置参照 ASME V 和 ASME B31.3 CASE 181。其中验证试块详见图4.17。

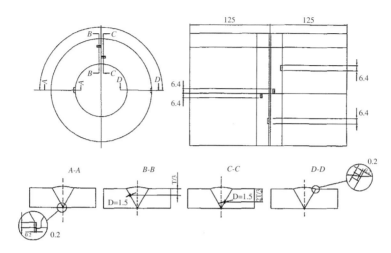

图4.17 验证试块

（5）设备校准。

设备应进行校准以保证相控阵设备在现场检验过程中状况良好。

① 屏幕高度线性。

a. 相控阵设备使用纵波或者横波探头耦合于任何能够产生两个信号的试块。

b. 调整探头使两个信号分别指80%及40% FSH。

c. 如果相控阵设备可以在PE模式下支持单晶片的探头，那么在线性试块中两个阻抗可调的平底孔将提供遮这样的信号。

d. 增加增益使较大的信号调节是100% FSH。

e. 以10%的间隔调节较大的信号直至10% FSH。

f. 使较大的信号调整至80%，确定较小的信号没有变化。

g. 如果第二个信号大于41%，或者小于39%，重复上述实验。屏幕高度线性如图4.18所示。

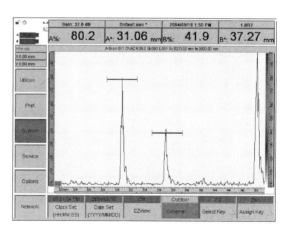

图4.18 屏幕高度线性

表4.4　垂直线性验收值

增益/dB	波幅高度/%（满屏高度）	允许范围
+2	101	不小于95%
0	80	参考
−6	40	37%~43%
−12	20	17%~23%
−18	10	8%~12%
−24	0	不大于8%

② 波幅控制线性。

a. 垂直线性是为了检查反射波幅高度是否满足要求。

b. 打开设备并导入设置。

c. 将探头放在试块上，移动探头得到一个已知深度的信号。

d. 调节增益使信号达到80% FSH。

e. 按照表4.4调节增益，使得波幅高度满足垂直线性验收值的要求。

③ 水平线性。

a. 为了评估水平线性，调整相控阵设备至A扫。选择0° 纵波探头。

b. 在IIW试块上25 mm壁厚范围内得到10个反射信号。

c. 设置模数转换率至少80 MHz。

d. 至少显示10个A扫。

e. 误差：水平线性误差理论及实际值不能超过2%。

④ 晶片检测。

应进行晶片检测，检测是否有损坏晶片。

a. 连接探头及楔块。

b. 调整显示范围所有角度都能够显示覆盖100 mm的IIW试块的弧面。

c. 将探头放置于IIW试块上得到100 mm弧面的信号。

d. 前后移动探头并调整增益使最高波达到80% FSH。

e. 冻结显示。

f. 调整角度检查波幅。

误差：

a. 相邻晶片差距不得大于3 dB。

b. 损坏晶片数量不得大于2个。

c. 损坏晶片数量不得大于总晶片数量的10%。

⑤ 校准测试。

a. 声速校准。声速校准应使用IIW试块的弧面。

b. 楔块延迟校准。所有的组都应进行楔块延迟校准（见图4.19）。IIW试块100 mm的弧面应用来校准楔块延迟，将探头放置于下面IIW试块。来回移动相控阵探头得到不同角度或聚焦法则的最高波。

c. 灵敏度校准（见图4.20和图4.21）是为了保证不同角度检测反射体是显示

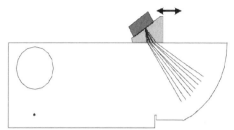

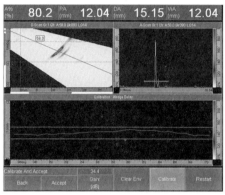

图4.19　楔块延迟

的波幅是一致的，该项目中将使用2.4 mm的侧钻孔（side drilled hole，SDH）。移动探头至SDH上方，扫描范围覆盖SDH，生成一个曲线，增益自动计算并增加。最终使检测SDH的所有聚焦法则得到的波幅均为80%。

d. TCG校准。继续上述过程将会创建TCG曲线。孔的位置应至少覆盖2倍的焊缝厚度。该校准修正同一反射体在不同深度或者声程的情况，使得检测波幅都

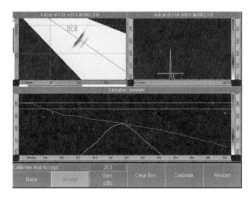

图4.20　灵敏度校准

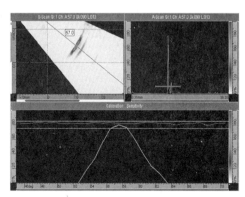

图4.21　灵敏度校准验证

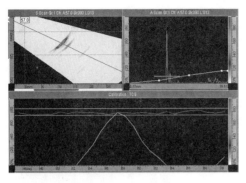

图4.22　TCG校准

达到80%。由于探头的移动将所有的聚焦法则都暴露于校准反射体，设备中的校准管理将储存每个TCG点的增益偏移。

灵敏度、楔块延迟及TCG的校准（见图4.22）是为了检测不同声程的SDH成槽时得到相同的波幅。检测前应至少进行一次完整的系统校准。

e. 编码器校准。自动或者半自动扫查应使用编码器跟踪探头的位置。在焊缝周长方向上的定位精度应达到±1%或者10 mm的较大值。编码器应每天校准。在既定的距离上移动扫查器并比较开始及最终的读数就可以确定编码器。误差外的编码器应进行重新校准。

f. 系统验证。系统校准应包含整个检测设备。扫查范围及TCG应在TCG试块上进行校准，并满足以下情况：

a）检测开始前24 h。

b）更换探头。

c）更换电源。

d）检验过程中之后12 h。

e）校准出现问题。

g. 重新校准。以下任何一种情况发生时应进行重新校准系统：焊缝形式变化，包括厚度、尺寸及木材；表面状况；检测技术及传播波形；探头型号、频率、晶片尺寸；超声设备；校准；扫查形式；区分几何反射与缺陷的方法；缺陷定量方法；扫查覆盖（增加时）。

（6）检验程序。为了使斜角波束完全覆盖焊缝和热影响区（热影响区为1/4壁厚），需要采用声束模拟软件。ES Beam Tool 7软件能模拟焊缝的剖面，而且也能模拟当相控阵探头安放在焊缝一侧时，焊缝被不同角度的声束完全覆盖。从模拟结果中，我们可以找出合适的前沿距离、激活晶片数、晶片的顺序和声束的角度范围。

①表面准备。

接触表面——完成后的接触表面应没有焊接飞溅和任何妨碍探头正常移动或

削弱超声波振动的传播的状况;

焊缝表面——焊缝表面应没有会掩盖缺陷反射信号或导致缺陷反射信号不能被检测的不规则,并且应该与相邻的母材平滑过渡。

② 数据评估。

相控阵技术的使用。最后的数据评估应使用TomoView软件在现场完成。数据评判时可根据焊缝几何尺寸的不同使用不同的页面布局,但至少应包含以下内容:A扫、扇形扫查、B视图、C视图。

数据分析应按照下列步骤进行:

a. 放大B视图,显示150 mm的范围。

b. 使用鼠标移动数据线,注意扇形扫查的显示。

c. 将数据线放置于扇形扫查显示的缺陷位置中间,其他视图配合完成分析。

d. 记录B视图缺陷的长度,长度的测量应使用6 dB法。

e. S视图中找到缺陷的最高波幅,测量缺陷的高度,使用6 dB法。

f. 用扇形扫查确定缺陷的偏移位置。

g. 任何超标缺陷都应明确参考位置。应用草图描述缺陷的大致位置,包括长度及起始。

(7)验收标准。

验收标准参考DNV-OS-F101(2005),如表4.2所示。

(8)文件。

超声波检验结果采用软件里的OmniScan数据报告格式。所有相控阵检验可记录数据,A扫描、B扫描、C扫描和S扫描数据都以报告文件形式保存。检验员应把检验结果记录到OmniScan数据报告中。所有可记录的信息都应在检验报告中得以体现。超声波扫描计划,超声波校准和超声波线性校准(若要求)也应考虑为检验报告一部分。

5)衍射法检测技术(TOFD)

(1)人员资质。

从事TOFD检测的人员应当符合ISO 9712的要求;人员应按照无损检测人员考核的相关规定取得无损检测资格;熟悉所使用的TOFD检测设备器材;具有实际检测经验并掌握一定的承压设备机构及制造基础知识。

(2)应用范围。

适用于厚度400 mm ≥ t ≥ 12 mm的低碳钢或低合金钢全焊透对接接头工件。

对于基层（材质为低碳钢或低合金钢）厚度大于或等于12 mm的钢板可对其基层，根据标准要求进行TOFD检测。

（3）仪器、装备和器材。

①仪器。超声波TOFD检测使用以下仪器完成，如表4.5所示。

表4.5　TOFD设备表

仪器	设备类型
数据采集系统	单通道或多通道超声TOFD检测系统
扫查器	可以放置多个TOFD探头的手动、自动扫查器
分析软件	TomoView软件、UlrtaVision软件或其他专业分析软件

②探头。如表4.6所示。

探头采用宽频带窄脉冲探头，直通波波峰值下降20 dB测量的脉冲持续时间不超过两个周期，实测探头频率与探头中心频率之间误差不得大于10%，频带相对宽度大于或等于80%。

表4.6　TOFD探头表

配件	描　　述
TOFD探头	3 MHz ϕ 10 mm
	5.0 MHz ϕ 6 mm
	10.0 MHz ϕ 3 mm
楔块	45° 纵波（ST1–45L–IHC）
	60° 纵波（ST1–60L–IHC）
	70° 纵波（ST1–70L–IHC）

③其他。如表4.7所示。

（4）定期校准及运行核查、检查。

按照标准的要求对仪器进行定期（每年）校准，校准包含水平线性、垂直线性、组合频率和灵敏度余量及仪器的衰减器精度，每6个月进行运行核查。每次检测前应测定探头前沿、超声波在探头楔块的传输时间及–12 dB声束扩散角，并对位置传感器进行检查。

表 4.7　TOFD 配件表

配件	描　述
试块	TOFD 对比试块，扫查面盲区高度测定试块，声束扩散角测量试块
耦合剂	水、甘油、CMC（化学浆糊）

（5）TOFD 校准。

① PCS 设置。为保证被检测区域都能被检测到，TOFD 探头必须两个组成一组，两个探头沿着焊缝对称摆放，且两个探头连线垂直焊缝，探头扫查时沿着焊缝平行移动。探头的设置必须保证需要检测区域超声衍射信号的强度达到指定的灵敏度。探头间距必须使两探头声束交点 2/3 t 深度处。

② 厚度校准。为了确保 TOFD 系统及其所有设置都是正确，可行，检测系统检测前必须进行厚度校准（见图 4.23），在以下情况下需要对系统进行厚度校准。

将探头放置在参考试块上没有缺陷位置处。直通波和纵波反射回波必须能清晰显示，采集直通波和反射纵波并显示在 B 扫描图像中。如果无法采集直通波和反射纵波，在被检测区域的刻槽或横孔信号也可以用作深度校准。

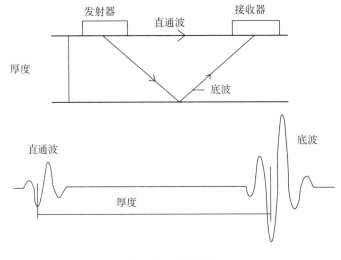

图 4.23　厚度校准

③ 扫查灵敏度。能否显示出缺陷主要取决于信号强度，当增益调至最优化时（所有参考缺陷都能显示出来），直通波的波幅或者参考缺陷信号的波幅都可以作为实际工件扫查时的参考灵敏度。

当工件较薄，一对TOFD探头，一个分区能够满足要求时，在实际工件上进行灵敏度设置，一般将直通波的波幅设定到满屏高的40%~80%；若因工件表面状况影响，采用直通波不适合或直通波不可见，可将底面反射波幅设定为满屏高再提高18~30 dB；若直通波和底面反射波均不可用，可将材料的晶粒噪声设定为满屏高的5% ~10%作为灵敏度。

④ 系统校准验证。系统校准验证应该包括整个校准系统。扫查范围和TCG校准在以下情况下应该用合适的校准试块或模拟试块进行验证：

a. 在一系列检测开始前24 h或24 h内。

b. 备用一条同样型号同样长度的探头线。

c. 备用相同型号的电源（例如：电池）。

d. 检验中至少每12 h一次。

e. 当校准的正确性可疑的时候。

f. 重新校准。

g. 任何以下情况都应该进行系统重新校准。

h. 探头改变。

i. 探头线类型或长度改变。

j. 超声波设备改变。

k. 改变耦合剂。

l. 改变电源类型。

（6）TOFD检验程序。

① 表面处理。焊缝表面及母材应按以下方式进行处理：

a. 焊缝两侧的母材金属不应有焊接飞溅、表面凹凸不平或会干扰检验的外来物质。

b. 处理后的焊缝表面要符合检验要求。

c. 对比试块的表面状况应当与实际检验的表面基本一致。

② 设备参数。

a. 设置数字化频率至少为所选择探头最高标称频率的6倍。

b. 设置脉冲重复频率。应与数据采集速度和可能的最大扫查速度相称。

c. 滤波的选择应该探头的频率相匹配。

d. 信号平均化处理有利于降低随机噪声的影响，从而提高信噪比。检测前应合理设置检测通道的信号平均化处理次数N，一般情况下设定为1，噪声较大时设定值不应大于16。

e. 扫查速度的选择应满足于TOFD所成的图像。扫查速度应决定于扫查分辨率、信号平均、脉冲重复频率、数据采集频率和数据采集量。

③探头。

a. 探头数量的设定应保证相邻每对探头负责的检测区域之间至少有10%的重叠。

b. 在频率、晶片尺寸和角度的选择上，探头的频率应在1~10 MHz的频率范围内，探头直径3~25 mm。探头的选择如表4.8所示。

c. 推荐采用的TOFD探头如表4.8所示。

表4.8 TOFD探头推荐表

检测厚度	检测分区数或扫查次数	深度范围	标称频率	晶片直径	声束角度
12~15 mm	1	$0 \sim t$	7~15 MHz	2~4 mm	60°~70°
15~35 mm	1	$0 \sim t$	5~10 MHz	2~6 mm	60°~70°
35~50 mm	1	$0 \sim t$	5~3 MHz	3~6 mm	60°~70°
50~100 mm	2	$0 \sim 2t/5$	5~7.5 MHz	3~6 mm	60°~70°
		$2t/5 \sim t$	1~3 MHz	6~12 mm	45°~60°
100~200 mm	3	$0 \sim t/5$	5~7.5 MHz	3~6 mm	60°~70°
		$t/5 \sim 3t/5$	3~5 MHz	6~12 mm	45°~60°
		$3t/5 \sim t$	2~5 MHz	6~20 mm	45°~60°

④扫查设置。

a. 编码器确认。检测前应对位置编码器进行校准。编码器应在使用之前校准，并且应每次使用不超过一个月进行校准检查；校准时应使编码器移动不少于500 mm的距离，其显示的距离应和真实距离的误差在±1%的范围内。

b. 扫查增量设置。扫查增量指扫查过程中A扫描信号间的采样间隔，检测时应根据扫查增量采集信号。扫查增量设置与工件厚度有关，按表4.9所示的规定进行。

表4.9　扫查增量的设置表

工件厚度 t/mm	扫查增量最大值/mm
$12 \leqslant t \leqslant 150$	1.0
$t > 150$	2.0

（7）检测。

① 检验覆盖。扫查体积应根据如下所述方法检验：将TOFD探头组对准焊道轴线以焊道轴线呈中心对称，将探头组沿平行于焊道轴线方向移动。如果因焊道宽度而需要偏移，将探头在焊道轴线一边偏移进行初始扫查，然后在另一边偏移扫查。

② 重叠：临近扫查的最小重叠应为20 mm。

③ 若工件厚度不大于50 mm，可采取单通道检测（见图4.24）。

④ 分区检验：对于壁厚范围在50~400 mm的钢材，单晶产生的波束不能产

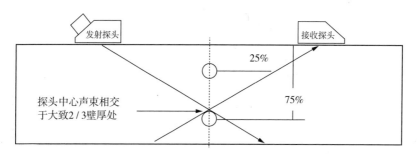

图4.24　单分区检测

生足够的强度检测整个壁厚。对于壁厚50 mm和更大（钢）的检测工件需要被分成若干区域。如果一个焊道被分成多段，则对每一段重复以上步骤。

初始的扫查方式一般为非平行扫查（见图4.25），探头应对称布置于焊缝中心线两侧沿焊缝长度方向运动。对于非平行扫查（见图4.26）发现的接近最大允许尺寸的缺陷或需要了解缺陷更多信息时，建议对于缺陷部位进行偏置非平行扫查（见图4.27）、平行扫查、手动A型脉冲反射法超声检测或相控阵检测。

探头的扫查速度取决于维持超声耦合的机械能力和保证不丢失超声波形数据

点采集的检测设备电子能力，扫查速度不得超过150 mm/s。

若需对焊缝在长度方向进行分段扫查，则各段扫查区的重叠范围至少为20 mm。对于环焊缝，扫查停止位置应越过起始位置至少20 mm。

扫查过程中应密切注意波幅状况。若发现直通波、底面反射波、材料晶粒噪声或波型转换波的波幅降低12 dB以上，应重新进行扫查。若发现直通波或晶粒噪声波幅满屏，则应降低增益并重新扫查。

⑤ 表面盲区。因为在焊缝的表面存在盲区，需要利用MT或UT技术作为补充技术。

⑥ 横向缺陷。对于屈服强度大于等于 5×10^7 Pa，壁厚大于等于25 mm的焊接接头，建议采用轴向焊缝常规UT扫查，以探测出横向平面不连续性。

（8）数据分析。

① 数据记录。非几何因素引起的并在TOFD图形上显示为指示的任何表象，应被评判到可以被验收标准评定的程度。

② 缺陷信号表征。所有超标和被认定为缺陷的反射体应和验收标准比对。

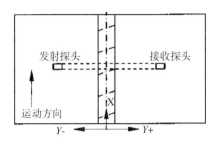

图4.25　非平行扫查

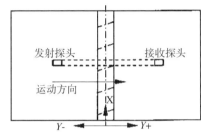

图4.26　平行扫查

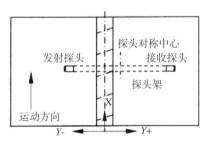

图4.27　偏置非平行扫查

③ 数据长度。每次扫查长度不应超过2 000 mm；若需对焊缝在长度方向进行分段扫查，各段扫查区的重叠范围至少为20 mm；对于环焊缝，扫查停止位置应越过起始位置至少20 mm。

④ 数据完整性。每一检测数据中的A扫描信号丢失量不得超过总量的5%，且相邻A扫描信号连续丢失长度不超过扫查增量的设置表中规定的扫查步进最大值的两倍；缺陷部位的A扫描信号丢失不得影响缺陷的评定。

⑤ 任何不确定的焊接缺陷显示，都要利用常规超声技术核对确认。

⑥ 缺陷定量。线形指示的长度定量；此类指示不具有在壁厚方向剧烈变化

（如内嵌夹渣和未融合）的长度测量特征。将一个重叠在指示的两个端头的双曲线指针，经变形后重叠在点状缺陷的弧形显示处，双曲线两拐点间的距离即为指示长度。

如果双曲线指针与指示两端点不重合，则应采用降6 dB的方法。最大波幅（反射回波超出声束全宽度的地方）应由此指针确定。当由指针提供的波幅降低一半时，应确定指示的端点。

延伸的抛物线状指示的长度定量：此类指示具有在壁厚方向剧烈变化的长度测量特征（如表面破坏缺陷：裂纹）。经变形后重叠于点状缺陷的指针被放置于指示两端点，他们的时间延迟为指示宽度的1/3。

缺陷深度定量：从检测平面到缺陷上尖端的深度根据显示的到达时间和设置参数来确定。图4.28所示的公式用于计算缺陷的深度"d"，其中，时间"t"是指波束从发射探头到缺陷然后反射被接收探头接收所需的总共时间；"t_0"指在楔块材料中的时间；"c"指声速；"S"指沿检测表面测量的PCS的一半。

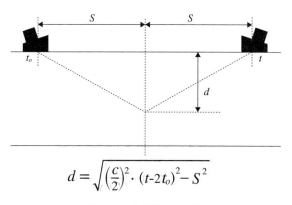

$$d = \sqrt{\left(\frac{c}{2}\right)^2 \cdot (t-2t_o)^2 - S^2}$$

图4.28　缺陷深度计算

缺陷自身高度定量：定量缺陷自身高度或垂直范围可以对缺陷下尖端使用同一个公式，从而提供两个深度。大的深度减去小的深度得到缺陷的自身高度。计算公式如图4.29所示。

（9）验收标准。验收标准应该参考NB/T 47013.10—2015标准第8节要求：

a.不允许危害性表面开口缺陷的存在。

b.当埋藏型缺陷显示距工件表面的最小距离小于自身高度的40%时，按照近表面缺陷进行质量分级。

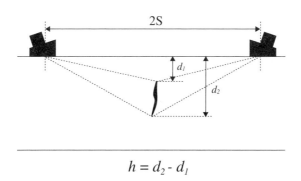

$$h = d_2 - d_1$$

图4.29 高度测量

c. 如检测人员可判断缺陷类型为裂纹、未熔合等危害性缺陷时，评为III级。

d. 相邻两缺陷显示（非点状），其在X轴方向间距小于其中较小的缺陷长度且在Z轴方向间距小于其中较小的缺陷自身高度时，应作为一条缺陷处理。

a）该缺陷深度为两缺陷深度较小值。

b）缺陷长度为两缺陷在X轴投影上的左、右端点间距离。

c）缺陷自身高度：若两缺陷在X轴投影无重叠，以其中较大的缺陷自身高度作为单个缺陷自身高度；若两缺陷在X轴投影有重叠，则以两缺陷自身高度之和作为单个缺陷自身高度（间距计入）。

e. 点状显示的质量分级。

f. 点状显示用评定区进行质量分级评定，评定区为一个与焊缝平行的矩形截面，其沿X轴方向的长度为150 mm，沿Z轴方向的高度为工件厚度。

g. 对于密集型点状显示，按条状显示处理。

（10）文件。

超声TOFD检测文件包括检测数据与检测报告，TOFD检验员应以TOFD检测数据为依据进行报告填写，所有可记录的显示都写入检测报告中。检测完成后，及时出具报告。

6）磁粉检测技术（MT）

（1）概述。

磁粉检验一种是铁磁性材料工件被磁化后，由于不连续性的存在，使工件表面和近表面的磁力线发生局部畸变而产生漏磁场，吸附施加在工件表面的磁粉，

图4.30　手提式交流电磁轭

在合适的光照下形成目视可见的磁痕，从而显示出不连续性的位置、大小、形状和严重程度的无损检测方法。

（2）设备要求。

在海底管道项目中，对铁磁性材料进行表面和近表面的磁粉检验主要采用方便携带的手提式交流电磁轭进行。检验采用的是交流连续法，即充磁与施加干磁粉或湿磁粉同时进行，设备示例如图4.30所示。

① 一般对磁轭的相关要求为：手提式磁轭应是铰链活动腿，磁化间距应符合标准规范要求范围选择。磁轭磁力应根据提升力进行校准。每一台交流磁轭在最大磁极间距时应至少具备4.5 kg的提升力。应当按照规范的要求校核提升力。

② 一般对磁粉检验耗材磁粉的相关要求如下。

a. 干磁粉：采用的干磁粉应符合标准规范要求，与手捏式喷粉器组合，喷粉简便灵活。

b. 磁悬液：采用W–1型黑色磁膏（320#），按使用说明挤出100 mm长的磁膏，冲入1 000 mL（1L）水溶解，搅拌后，按要求测定磁悬液浓度，其符合具体标准规范的要求即可。

（3）设备校准。磁悬液浓度的测定方法：采用D1966梨形离心沉淀管测定磁悬液浓度（参照ASTM E 709）。对于荧光磁悬液，沉淀管的刻度值应为0.05 mL，对于非荧光磁悬液，沉淀管的刻度值应为1 mL。首先启动泵，搅拌磁悬液至少30分钟，搅拌均匀后，取100 mL注入沉淀管中使其沉淀。沉淀在管底的溶剂即表示管中磁悬液的浓度。非荧光粉地沉淀容积值为1.2~2.4 mL即可使用。

使用方式：用便携式喷壶施加压力从喷嘴喷出，每次施喷前，先摇晃喷壶，使磁粉均匀悬浮在液体中，以防磁粉沉淀。

也可以采用喷罐型磁悬液，采用喷罐式磁悬液喷涂时，应剧烈摇动后再使用，喷罐的喷头与试件之间的距离不要太近，由于喷罐内有压力，表面磁痕会被吹散，根据罐中压力大小选择距离。

一般对磁粉检验标准试件的相关要求如下：

标准试片主要用于检验磁粉检验设备、磁粉和磁悬液的综合性能，了解被检工件表面有效磁场强度和方向、有效检测区以及磁化方法是否正确。

注：试片的型号中，分数的分子为人工缺陷深度，分母为试片厚度（单位为μm）。

对灵敏度试片施加磁粉时，应采用连续法。

试片的使用方法、粘贴方法：先洗净试片防锈油，将试片开槽的一面紧贴于清洁的被检查工件表面，用胶带贴紧，但不得盖住试片的槽部。

磁场指示器是一种用于表示备件工件表面磁场方向、有效检测区以及磁化方法是否正确的校验工具，但不能作为磁场强度及其分布的定量指示。

（4）操作方法。磁粉检验操作程序主要按照ASTM E 709磁粉检验的标准推荐操作方法执行。

① 设备的日常检查。接通电源后，检查可动部分是否良好，电气连接部分是否有噪声和异常振动。利用灵敏度试片（见图4.31）校核磁场强度、方向及设备、磁粉、磁悬液的综合性能，观察其显示缺陷磁痕的能力。

② 工件表面处理。焊缝、热影响区以及工件打磨处等的表面不应存在焊接飞溅、划痕、锈蚀、焊渣、油漆等可能影响磁粉的正常分布，或影响磁粉堆积物密集度、特性以及清晰度的杂质，应借助于

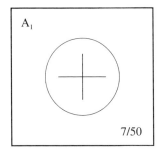

图4.31 灵敏度试片

机械方法进行打磨、铲出，如表面状态不好，存在氧化皮等也可采取喷砂法去除等措施来清理表面。包括焊缝两边25 mm的地方。

③ 对被检部位喷涂白色反差剂，增加磁粉检查面的对比度，有利于观察磁痕。

④ 检验次序。

a. 干磁粉检验次序：把磁轭置于焊缝上并通电；通电同时均匀撒布磁粉；通电时轻轻吹掉过量磁粉；在这个过程中观测检测面，观察指示的形成；重新定位磁轭前按规范标准对指示进行评定；转动磁轭90°，重复上述步骤并确保足够的

检验重叠。

b. 湿磁粉检验次序：把磁轭置于焊缝上并通电；用磁悬液喷洒检测面；在整个检测过程中保持连续磁化；磁轭仍通电时轻轻洗掉过量磁粉；在这个过程中观测检测面，观察指示的形成；重新定位磁轭前按规范标准对指示进行评定；转动磁轭 90°，重复上述步骤并确保足够的检验重叠。

（5）验收。

① 检查。被检区域的观察和检查应在磁悬液使用终止后进行，而且必须在能够识别磁痕的日光或照明灯下进行。检验人员应掌握磁粉检验所能检测的缺陷，以及这些缺陷的磁痕特征；其次也要能够识别伪缺陷，分析其产生的原因，遇到可疑处，要进行复检，重新确认。

② 记录和标识。对发现的缺陷磁痕可通过选择透明胶纸、摄像或照相等方式记录。

检验结束后，检验人员应用蜡笔或石笔在检验范围内做好检验标识（包含检验结果、检验时间、检验人员），返修区域也应做清晰的标识定位，以便重新定位、修补和查找。

③ 验收标准。磁粉检验验收标准参照DNV–OF–F101（2005），如表4.10所示。

表4.10　外观和表面检验验收标准

外表面气孔	焊缝表面规则，与母材过渡圆滑，焊缝不超过原始坡口 3 mm（自动焊缝 6 mm）。角焊缝	
盖面加强高、根部熔深	盖面加强高：高度小于 0.2 t，最大 4 mm 根部熔深：高度小于 0.2 t，最大 3 mm	
盖面凹陷、根部凹陷	表面凹陷：不允许 根部凹陷应与母材平滑过渡且任何一点焊缝厚度不小于 t	
错边	小于 0.15 t，最大 3 mm	
裂纹	不接受	
未焊透、未熔合	单个长度 ≤t，最大 25 mm 任意 300 mm 内的累计长度 ≤t，最大 50 mm	

（续表）

咬边，如通过机械方法测量	单个	
	深度 d	深度 d
	$d > 1$ mm	$d > 1$ mm
	1 mm $\geq d > 0.5$ mm	1 mm $\geq d > 0.5$ mm
	0.5 mm $\geq d > 0.2$ mm	0.5 mm $\geq d > 0.2$ mm
	$d \leq 0.2$ mm	$d \leq 0.2$ mm
表面气孔	不允许	
烧穿	单个长度 $\leq 0.4\,t$，任意尺寸最大 6 mm 任意 300 mm 范围内累计长度 $2\,t$，最大 12 mm 如果任意点焊缝厚度不小于 t，合格	
电弧烧伤，气刨，槽	不允许	
凹痕	深度 < 3 mm，长度 $0.25 \times$ 外径（outer diameter，OD）	

④ 报告。

检验报告中应概述以下内容：已检验的焊缝和使用的 MT 方法发现的 MT 指示，包含解释（缺陷磁痕记录说明一般附在检验报告后）。报告的签发人必须具备二级或以上级别磁粉检验资格，并对书面报告负有责任。

7）渗透检测技术（PT）

（1）概述。

渗透检验一种是利用毛细管作用，检验工件表面开口缺陷的无损检测方法。渗透检测是 CRA 复合材料海底管线对接环焊缝的重要检测方法。

（2）参考标准。

PT 检验按 ASTM E 165 液体渗透检验方法执行。

（3）对比试块。

采用 JB/T 4730-2005 推荐的铝合金对比试块。

（4）表面状况。

渗透检验前，需要检验的表面以及邻近区域之内应当是干燥的，而且不应当有任何可能堵塞表面开口或干扰检验进行的污垢、油脂、锈皮、焊渣、焊接飞溅以及其他的外来物质。

表面清洗的方法不应当对母材、表面处理及渗透剂产生有害影响。

（5）表面处理及预清理。

焊道表面及邻近的25 mm区域范围内，应当用砂轮和钢丝刷进行打磨清理。被检表面应当没有飞溅、氧化皮、油污或油脂、油漆涂层等。然后，用浸湿了清洗剂的棉布对被检表面进行擦洗，然后保持5~10 min，直到被检表面完全干燥。

（6）施加渗透剂。

施加渗透剂，可以采用浸渍、喷涂、刷涂等方法。当零件表面温度在10~52℃时，渗透的时间应为10~15 min。渗透的时间应当按照厂家推荐的说明书进行。

构件表面的温度低于-1.3℃时，或高于52℃时，检验方法应当按照ASTM E165中的要求，对在特殊温度下需重新鉴定。温度在-1.3~10℃时，渗透的时间应当参照对比试验的要求，增加到20 min。

（7）多余渗透剂的去除。

工件表面的多余渗透剂应当用棉布擦除，残留的渗透剂应当用棉布吸少量的清洗剂取出，要尽量注意避免使用过量的清洗剂。

（8）显像。

施加显像剂前，应充分摇动显像剂瓶、罐，保证悬乳颗粒有足够的弥散。显像剂应当均匀地喷洒在整个被检表面上，不可喷涂过厚或过薄，喷嘴距离被检表面距离大约300 mm。

（9）检验时机。

显像剂施加后10 min后进行检验，按照规格书的接受标准进行。如检测灵敏度要求较高时，检验在显像剂施加后10~30 min进行。检验现场的照明至少为1000 lm。

（10）后清洗。

用动力钢丝刷或清洗去除被检表面有害的残留物。

（11）验收标准。

渗透检验验收标准参照NDV-OF-F101（2005），如表4.11所示。

表4.11　外观和表面检验验收标准

外表面气孔	焊缝表面规则，与母材过渡圆滑，焊缝不超过原始坡口3 mm（自动焊缝6 mm）
盖面加强高、根部熔深	盖面加强高：高度小于0.2 t，最大4 mm 根部熔深：高度小于0.2 t，最大3 mm
盖面凹陷、根部凹陷	表面凹陷：不允许 根部凹陷应与母材平滑过渡且任何一点焊缝厚度不小于 t
错边	小于0.15 t，最大3 mm
裂纹	不接受
未焊透、未熔合	单个长度≤t，最大25 mm 任意300 mm内的累计长度≤t，最大50 mm
咬边、如通过机械方法测量	单个 <table><tr><td>深度d</td><td>深度d</td></tr><tr><td>$d>1$ mm</td><td>$d>1$ mm</td></tr><tr><td>1 mm≥$d>0.5$ mm</td><td>1 mm≥$d>0.5$ mm</td></tr><tr><td>0.5 mm≥$d>0.2$ mm</td><td>0.5 mm≥$d>0.2$ mm</td></tr><tr><td>$d≤0.2$ mm</td><td>$d≤0.2$ mm</td></tr></table>
表面气孔	不允许
烧穿	单个长度≤0.4 t，任意尺寸最大6 mm 任意300范围内累计长度2 t，最大12 mm。如果任意点焊缝厚度不小于 t，合格
电弧烧伤、气刨、槽	不允许
凹痕	深度<3 mm，长度0.25×OD

4.2 基本规定、规范和标准

4.2.1 基本规定

按照海底管道陆地预制流程，海底管道的陆地预制阶段的质量验收内容可分为技术成果文件验收、陆地预制建造过程验收以及陆地完工验收三个部分。

1）陆地预制建造阶段成果文件的验收

（1）陆地预制建造阶段成果文件验收指对建造过程中承包商各部门所编制用于指导现场施工的程序、报告、图纸、方案类文件的验收。

（2）陆地预制建造成果文件验收应提交业主征求意见，业主审查后，将意见返回设计方，设计方对意见做出回复，并根据意见对成果验收文件修改升版，提交业主审批，成果验收文件同时由业主发给业主指定的第三方进行审核，设计方负责对成果验收文件的第三方意见做出回复，成果验收文件由业主和第三方批准后，在文件上加盖业主和第三方的批准章，批准后的文件发给施工方，用于指导现场施工。

2）陆地预制建造过程验收

（1）陆地预制建造过程验收是指建造过程中对材料、平管预制、立管和膨胀弯预制、耐蚀合金复合管预制、海底管道涂覆保温等施工过程的验收。

（2）每个施工过程都应按要求开展相应的检验。所有检验工作通过后，才可进行下一步工序的工作。

3）陆地完工验收

（1）陆地完工验收主要是海底管道陆地预制完工状态检查和完工文件的验收。

（2）陆地预制建造完工后，承包商应组织建造人员、检验人员、第三方及业主根据规范和合同要求，对海底管道陆地预制建造完工结果，进行检验和确认。检验完成后，由业主开具阶段完工确认报告。终检发现的遗留项应完整、详细地记录在遗留项清单上，遗留项在移交前应全部关闭。

（3）所有报批的程序文件以及检验报告与记录应交由第三方和业主审核签字并编入最终完工资料。

4.2.2 应遵循的规范和标准

陆地预制建造阶段主要用到以下规范和标准。

（1）《API 1104管道及相关设施焊接标准》

（2）《DNV–OS–F101海底管线系统规范》

（3）《API–RP–2X海上钢结构超声波检验推荐做法和超声技师资格考核指南》

（4）《ASTM E709磁粉检测标准指南》

（5）《SSPC SP–10近白级喷砂清理》

（6）《NACE MR0175油田设备抗硫化物应力腐蚀断裂和应力腐蚀裂纹的金属材料》

（7）《BS 7448断裂结构韧性试验. 金属材料的KIc临界CTOD和临界J值的测定方法》

（8）《BS 7910金属结构裂纹验收评定方法指南》

4.3 海底管道陆地预制建造阶段成果文件质量验收

4.3.1 简介

海底管道陆地预制建造阶段成果文件验收是指对陆地预制建造过程中承包商各单位所编制用于指导施工的各类程序、报告、方案、图纸的验收，如表4.12所示。

表4.12 海底管道陆地预制建造阶段的质量验收划分表

工程划分			验收项目
工程阶段	建造过程	分类	
陆地预制建造阶段	陆地预制建造阶段成果文件验收	程序	海底管道焊接程序
			焊接材料保管及控制程序
			海底管道节点防腐施工程序
			海底管道节点防腐程序评定试验（PQT）程序
			海底管道节点防腐预生产试验（PPT）程序
			焊工资质
			无损检测人员资质
			超声波检测程序
			射线检测程序
			磁粉检测程序

（续表）

工程划分			验收项目
工程阶段	建造过程	分类	
陆地预制建造阶段	陆地预制建造阶段成果文件验收	程序	渗透检测程序
			海底管道焊接施工控制程序
		料单	焊接材料采办料单
			焊接材料施工料单
			海底管道节点防腐材料采办料单
			海底管道节点防腐材料施工料单
	材料验收	碳钢钢管材料	钢管出厂验收
			钢管到货验收
			钢管出海前验收
		耐蚀合金复合管钢管材料	钢管出厂验收
			钢管到货验收
			钢管出海前验收
		钢管涂覆保温材料	产品标识与材料证书检查
			规格和数量
		法兰	产品标识与材料证书检查
			尺寸检查
			外观检查
		锚固件	产品标识与材料证书检查
			尺寸检查
			外观检查
		焊接材料	材料证书
			材料批号
		焊接材料	包装情况
			有无受潮
		阳极材料	材料证书
			阳极芯要求
			外观检验
			化学成分

工程划分			验收项目
工程阶段	建造过程	分类	
陆地预制建造阶段	材料验收	阳极材料	电化学测试
			重量偏差
			尺寸公差
			标识
		节点防腐材料	聚乙烯热缩带
			聚丙烯热缩带
		紧固件材料	材料证书检查
			材料尺寸外观检查
			紧固件包装运输检查
	平管预制	组对检验	管号标记
			坡口尺寸
			消磁
			预热
		焊接检验	焊接程序
			焊工资质
			焊接设备
			焊接返修
			焊后外观
	平管预制	无损检测	全自动超声波检测
			射线检测
			超声波检测
			磁粉检测
			渗透检测
		附件预制	锚固件
			法兰
			阳极
		节点防腐及检验	节点除锈
			盐份检验

（续表）

工程划分			验收项目
工程阶段	建造过程	分类	
陆地预制建造阶段	平管预制	节点防腐及检验	热缩带及针孔检验
			节点发泡
		特殊试验	腐蚀试验
			CTOD试验及ECA评估
	立管和膨胀弯预制	组对检验	管号
			坡口尺寸
			消磁
			预热
		焊接检验	焊接程序
			焊工资质
			焊接设备
			焊接返修
			焊后外观
		无损检测	射线检测
			超声波检测
			磁粉检测
			渗透检测
		附件预制	锚固件
			法兰
			阳极
		节点防腐及检验	节点除锈
			盐份检验
			热缩带及针孔检验
			节点发泡
		清管试压	清管试压
		特殊试验	腐蚀试验
			CTOD试验及ECA评估

工程划分			验收项目
工程阶段	建造过程	分类	
陆地预制建造阶段	CRA复合管管端预制	组对检验	坡口准备
			预热
		焊接检验	焊接程序
			焊工资质
			焊接设备
			焊接返修
			焊后外观
		无损检测	射线检测
			超声波检测
			渗透检测
		管端处理	堆焊层要求
			管端尺寸控制
		特殊试验	稀释率测试
			腐蚀试验
	管道涂敷保温	钢管质量检验	标记
			外观检验
		防腐涂敷	除锈
			加热
			涂敷
			涂层检测
		保温涂敷	绑扎木块料温调节吊管入模
			待模固化穿入外管
			保温层检测
		钢管配重	配重管涂敷
		阳极安装	阳极安装
	陆地预制完工检查清单	材料	海底管道平管
			立管和膨胀弯
			焊接材料（焊丝、焊条、焊剂、保护气体）

（续表）

工程划分			验收项目
工程阶段	建造过程	分类	
陆地预制建造阶段	陆地预制完工检查清单	材料	法兰和锚固件
			阳极、节点防腐材料及其他附件
		程序文件	焊接程序
			无损检测程序
		人员资质	焊工资质
			无损检验人员资质
		设备	焊机设备
			辅助工机具
	阶段完工文件	程序文件	海底管道焊接程序
			焊工资质
			无损检测程序
			无损检测人员资质
			海底管道节点防腐施工程序
		报告	焊接外观检验报告
			焊缝无损检测报告
			清管试压报告
			施工日志

该阶段成果文件应符合业主规格书和合同及相关技术标准的要求。同时该成果文件还应满足施工场地、相关设备和材料采办技术文件的需要。

验收后，项目组应组织设计单位向施工单位进行技术交底，交底后形成会议纪要。

4.3.2　程序文件

程序文件包含焊接、防腐等专业以及质控和检验方面需要报业主审批的程序文件。

1）海底管道焊接程序的质量验收

（1）概述。

海底管道焊接程序包括焊接方法、焊前准备、焊接材料、焊接设备、焊接顺序、焊接操作、工艺参数等。焊接程序按照焊接方法可分为埋弧焊、气体保护焊、焊条电弧焊等，按照机械化程度可分为自动焊、半自动焊、手工焊。海底管道陆地预制主要选用焊接效率较高的埋弧焊或半自动气体保护焊，立管预制主要选用焊条电弧焊或半自动气体保护焊，海底管道海上铺设主要选用适合全位置的全自动气体保护焊，焊接返修一般选用焊条电弧焊或半自动气体保护焊。

（2）按照表4.13的内容对海底管道焊接程序进行质量验收。

表4.13　海底管道焊接程序的质量验收内容

验收项目	验收要求
焊接标准	所执行的焊接标准满足规格书的要求
海管规格	海底管道类型、结构形式、涉及的材质和规格满足规格书的要求
焊接材料	焊接材料规格型号、分类号、批号满足规格书的要求
焊接工艺	焊接工艺参数，如坡口类型、预热、电压、电流、热输入等满足规格书的要求
特殊要求	焊接特殊性能试验（如腐蚀试验、CTOD试验、ECA评估等）满足规格书的要求

2）焊接材料保管和控制程序的质量验收

（1）概述。

焊接材料保管和控制控制程序包括材料标识、运输转移、仓储保管、烘干、发放、现场控制、使用时效等。

（2）按照表4.14的内容对焊接材料保管和控制程序进行质量验收。

表4.14　焊接材料保管和控制程序的质量验收内容

验收项目	验收要求
规范要求	程序文件满足规格书和厂家手册的要求
材料标识	焊条、焊丝、焊接保护气的分类标识满足规格书和厂家手册的要求
烘干	焊条和焊剂的烘干、保温，焊条保温筒，焊剂新旧混合比满足规格书和厂家手册的要求
使用时效	药芯焊丝开包使用时效、焊条烘干后使用时效满足规格书和厂家手册的要求

3）海底管道节点防腐施工程序的质量验收

（1）概述。

海底管道节点防腐施工程序需根据设计选用的防腐材料编制，常用热缩带，也可以选择熔结环氧粉末（FBE）、热喷涂聚乙烯（FSPE）、热喷涂聚丙烯（FSPP）、注模聚丙烯（IMPP）等。热缩带施工程序的主要内容包括材料、工序、修补和检验等内容。

（2）按照表4.15的内容对海底管道节点防腐施工程序进行质量验收。

表4.15　海底管道节点防腐施工程序的质量验收内容

验收项目	验收要求
材料	节点防腐材料类型，规格，物理、机械性能满足规格书的要求，每种型号的材料均经过PQT试验验证
工序	施工工序满足规格书和材料施工指导的要求，具体施工参数如表面处理，预热、加热温度等经过PQT、PPT试验验证
修补	海管管体涂层、节点涂层的修补工艺和材料型号满足规格书的要求
检验	表面处理质量、热缩带安装质量在线检验及破坏性检验的内容、频率、接受标准等满足规格书的要求

4）海底管道节点防腐程序评定试验（PQT）程序的质量验收

（1）概述。

程序评定试验（PQT）程序是用来指导程序评定试验（PQT）的技术文件，其内容应包括材料、工序、试验数量、检验内容和接受标准等。

（2）按照表4.16的内容对海底管道节点防腐程序评定试验（PQT）程序进行质量验收。

表4.16　海底管道节点防腐程序评定试验（PQT）程序的质量验收内容

验收项目	验收要求
材料	节点防腐材料类型，规格，物理、机械性能满足规格书的要求
工序	试验准备、节点涂层安装工序满足规格书和材料施工指导的要求

验收项目	验收要求
试验数量	PQT试验分组数量、每组PQT试验节点数量、实验室试验送检数量均满足项目的要求
检验内容	每组PQT试验的检验内容、频率满足规格书的要求
接受标准	每组PQT试验中每项检验的接受标准满足规格书的要求

5）海底管道节点防腐预生产试验（PPT）程序的质量验收

（1）概述。

预生产试验（PPT）程序是用来指导预生产试验（PPT）的技术文件，其内容应包括材料、工序、试验数量、检验内容和接受标准等。

（2）按照表4.17的内容对海底管道节点防腐预生产试验（PPT）程序进行质量验收。

表4.17　海底管道节点防腐预生产试验（PPT）程序的质量验收内容

验收项目	验收要求
材料	节点防腐材料类型，规格，物理、机械性能满足规格书的要求，每种型号的材料均经过PQT试验验证
工序	试验准备、节点涂层安装工序满足规格书和材料施工指导的要求，具体施工参数参照PQT试验结果进行
试验数量	PPT试验分组数量、每组PPT试验节点数量均满足项目的要求
检验内容	每组PPT试验的检验内容、频率满足规格书的要求
接受标准	每组PPT试验中每项检验的接受标准满足规格书的要求

6）焊工资质的质量验收

（1）概述。

焊工资质是指焊工资质证书目录，包含焊工姓名、焊工号、焊接方法、焊接位置等重要变素，后附承包商焊工资质证书原件或复印件。

（2）按照表4.18的内容对焊工资质进行质量验收。

表4.18 焊工资质的质量验收内容

验收项目	验收要求
焊工资质时效	焊工资质证书近6个月内有相应工程项目焊接记录
焊工考试认证	焊工须经过承包商组织焊工培训和考试认证
适用性	焊工资质覆盖范围满足工程项目需求

7）无损检测人员资质的质量验收

（1）概述。

无损检测人员资质主要包括超声波、磁粉、渗透和射线探伤检测人员取得的无损检测资质证书及目录。

（2）按照表4.19的内容对无损检测人员资质进行质量验收。

表4.19 无损检测人员资质的质量验收内容

验收项目	验收要求
资质认证	无损检测人员持有满足规格书要求的资质证书和对应等级
有效期	无损检测人员资质证书在有效期内

8）超声波检测程序的质量验收

（1）概述。

超声波检测程序的主要内容包括程序适用范围、参考标准文件、对检测人员资质的要求、检测的范围和比例、检测时间控制、检测操作程序、检测结果评定和检测报告要求等内容。

（2）按照表4.20的内容对超声波检测程序进行质量验收。

表4.20 超声波检测程序的质量验收内容

验收项目	验收要求
检测人员资质	检测人员持有满足规格书要求的资质证书和对应等级，且证书在有效期范围内
检测的范围和比例	检测的范围和比例按照规格书和图纸要求执行

验收项目	验收要求
检测时间控制	检测时间控制按照规格书和批准的焊接程序执行
检测操作程序	检测操作程序按照批准的超声波检验程序执行
检测结果评定	检测结果评定按照验收标准和规格书要求执行
检测报告	检测报告内容需满足规格书要求，格式按照程序报批格式执行

9）射线检测程序的质量验收

（1）概述。

射线检测一般使用的是 X 射线和 γ 射线检测，主要内容包括程序适用范围、参考标准文件、对检测人员资质的要求、检测的范围和比例、检测时间控制、检测操作程序、检测耗材、检测结果评定、检测报告要求等内容。

（2）按照表4.21的内容对射线检测程序进行质量验收。

表4.21　射线检测程序的质量验收内容

验收项目	验收要求
检测人员资质	检测人员持有满足规格书要求的资质证书和对应等级，且证书在有效期范围内
检测的范围和比例	检测的范围和比例按照规格书和图纸要求执行
检测时间控制	检测时间控制按照规格书和批准的焊接程序执行
检测操作程序	检测操作程序按照批准的射线检验程序执行
检测耗材	检测耗材满足规格书及相关标准的要求
检测结果评定	检测结果评定按照验收标准和规格书的要求执行
检测报告	检测报告内容需满足规格书要求，格式按照程序报批格式执行

10）磁粉检测程序的质量验收

（1）概述。

磁粉检测程序的主要内容包括程序适用范围、参考标准文件、对检测人员资质的要求、检测的范围和比例、检测时间控制、检测操作程序、检测耗材、检测结果评定、检测报告要求等内容。

（2）按照表4.22的内容对磁粉检测程序进行质量验收。

表4.22　磁粉检测程序的质量验收内容

验收项目	验收要求
检测人员资质	检测人员持有满足规格书要求的资质证书和对应等级，且证书在有效期范围内
检测的范围和比例	检测的范围和比例按照规格书和图纸要求执行
检测时间控制	检测时间控制按照规格书和批准的焊接程序执行
检测操作程序	检测操作程序按照批准的磁粉检验程序执行
检测耗材	检测耗材满足规格书及相关标准的要求
检测结果评定	检测结果评定按照验收标准和规格书的要求执行
检测报告	检测报告内容需满足规格书的要求，格式按照程序报批格式执行

11）渗透检测程序的质量验收

（1）概述。

渗透检测程序的主要内容包括程序适用范围、参考标准文件、对检测人员资质的要求、检测的范围和比例、检测时间控制、检测操作程序、检测耗材、检测结果评定、检测报告要求等内容。

（2）按照表4.23的内容对渗透检测程序进行质量验收。

表4.23　渗透检测程序的质量验收内容

验收项目	验收要求
检测人员资质	检测人员持有满足规格书要求的资质证书和对应等级，且证书在有效期范围内
检测的范围和比例	检测的范围和比例按照规格书和图纸的要求执行
检测时间控制	检测时间控制按照规格书和批准的焊接程序执行
检测操作程序	检测操作程序按照批准的渗透检验程序执行
检测耗材	检测耗材满足规格书及相关标准的要求

验收项目	验收要求
检测结果评定	检测结果评定按照验收标准和规格书的要求执行
检测报告	检测报告内容需满足规格书的要求，格式按照程序报批格式执行

12）海底管道焊接施工控制程序的质量验收

（1）概述。

海底管道焊接施工控制程序的主要内容包括程序编制说明、参考文件、焊接施工准备、焊接过程控制、焊接检验及返修等内容。确保焊接施工满足业主焊接及检验规格书、技术规范和焊接工艺文件等的要求，保证海上焊接施工的质量和效率。

（2）按照表4.24的内容对海底管道焊接施工控制程序进行质量验收。

表4.24 海底管道焊接施工控制程序的质量验收内容

验收项目	验收要求
规范要求	焊接文件满足焊接规格书和焊接标准的要求
焊接施工准备	人员资质、设备、焊接材料的检查
焊接过程控制	焊工人员记录、管子检查、管端处理、坡口加工及检查、轨道安装、管端消磁、组对、预热及层间温度、焊接、弧击等过程控制
焊接检验及返修	焊缝信息、取出方法、预热、长度及深度、检验方法和返修次数等

4.4 海底管道陆地预制建造过程质量验收

4.4.1 简介

按照现场施工顺序，分为材料验收、平管预制、立管及膨胀弯预制、耐蚀合金复合管预制和管道涂覆保温五个方面，分别列出不同施工过程中需要验收检查的项目。

4.4.2 材料验收

本章节主要针对承包商负责采办的海底管道陆地预制建造过程中使用材料的质量验收。

1）碳钢钢管材料的质量验收

碳钢钢管材料是指海底管道的材质为APL 5L PSL2各等级碳钢钢管材料。

（1）验收检查项目。

① 钢管出厂验收。现场见证原材料的化学成分分析、机械性能试验、尺寸控制状态、相关NDT检测、热处理以及水压试验；监控钢管制造过程、标记过程以及堆垛保护过程。

② 钢管到货验收。产品标识与材料证书检查满足规格书和相应标准的要求，包括生产制造标准、化学元素含量、机械性能（包括屈服强度、抗拉强度、伸长率、硬度）等，以及购买方在合同规定的其他补充实验项目的实验数据及结果。检测材料尺寸，如长度、直径、壁厚、椭圆度等，满足规格书和标准要求。外观检验，管道表面光滑，不存在麻坑、裂纹、划痕等现象。

③ 钢管出海前验收。管端尺寸检测，管端200 mm范围内的直径、壁厚、椭圆度等满足规格书和标准的要求，对于管端尺寸超标的管道进行标记隔离。外观检验，管道表面光滑，不存在麻坑、裂纹、划痕等现象。管端保护器满足规格书和标准的要求。

（2）质量验收内容。

按照表4.25的内容对碳钢钢管材料进行质量验收。

表4.25　碳钢钢管材料的质量验收内容

验收项目	验收要求
钢管出厂验收	现场见证原材料的化学成分分析、机械性能试验、尺寸控制状态、相关NDT检测、热处理以及水压试验；监控钢管制造过程、标记过程以及堆垛保护过程
钢管到货验收	产品标识与材料证书检查满足规格书和相应标准要求，包括生产制造标准、化学元素含量、机械性能（包括屈服强度、抗拉强度、伸长率、硬度）等，以及购买方在合同规定的其他补充实验项目的实验数据及结果
	检测材料尺寸，如长度、直径、壁厚、椭圆度等，满足规格书和标准的要求
	外观检验，管道表面光滑，不存在麻坑、裂纹、划痕等现象
钢管出海前验收	管端尺寸检测，管端200 mm范围内的直径、壁厚、椭圆度等满足规格书和标准的要求，对于管端尺寸超标的管道进行标记隔离
	外观检验，管道表面光滑，不存在麻坑、裂纹、划痕等现象
	管端保护器满足规格书和标准的要求

2）耐蚀合金复合钢管材料的质量验收

耐蚀合金复合钢管材料是指海底管道的基体材质为 APL 5L PLS2 各等级碳钢钢管，复合层材质为镍基合金或者不锈钢，所形成异种材料机械或冶金结合的各等级 CRA 复合钢管。

（1）验收检查项目。

① 钢管出厂验收。现场见证原材料（包括基体和复合层材料）的化学成分分析、机械性能试验、尺寸控制状态、相关 NDT 检测（尤其是复合层检测）、热处理、腐蚀金相以及水压试验；监控钢管制造过程、标记过程以及堆垛保护过程。

② 钢管到货验收。产品标识与材料证书检查满足规格书和相应标准的要求，包括生产制造标准、化学元素含量、机械性能（包括屈服强度、抗拉强度、伸长率、硬度）等，以及购买方在合同规定的其他补充实验项目的实验数据及结果。检测材料尺寸，如长度、直径、壁厚、椭圆度等，满足规格书和标准要求。外观检验，管道表面光滑，不存在麻坑、裂纹、划痕等现象。

③ 钢管出海前验收。管端尺寸检测，管端 200 mm 范围内的直径、壁厚、椭圆度等满足规格书和标准的要求，对于管端尺寸超标（尤其注意缩径现象检测）的管道进行标记隔离。外观检验，管道表面光滑，不存在麻坑、裂纹、划痕等现象。管端保护器满足规格书和标准的要求。

（2）质量验收内容。

按照表 4.26 的内容对耐蚀合金复合钢管材料（CRA 复合钢管材料）进行质量验收。

表4.26　耐蚀合金复合钢管材料的质量验收内容

验收项目	验收要求
钢管出厂验收	现场见证原材料（包括基体和复合层材料）的化学成分分析、机械性能试验、尺寸控制状态、相关NDT检测（尤其是复合层检测）、热处理、腐蚀金相以及水压试验；监控钢管制造过程、标记过程以及堆垛保护过程
钢管到货验收	产品标识与材料证书检查满足规格书和相应标准的要求，包括生产制造标准、化学元素含量、机械性能（包括屈服强度、抗拉强度、伸长率、硬度）等，以及购买方在合同规定的其他补充实验项目的实验数据及结果
	检测材料尺寸，如长度、直径、壁厚、椭圆度等，满足规格书和标准的要求
	外观检验，管道表面光滑，不存在麻坑、裂纹、划痕等现象

（续表）

验收项目	验收要求
钢管出海前验收	管端尺寸检测，管端200 mm范围内的直径、壁厚、椭圆度等满足规格书和标准的要求，对于管端尺寸超标（尤其注意缩径现象检测）的管道进行标记隔离
	外观检验，管道表面光滑，不存在麻坑、裂纹、划痕等现象
	管端保护器满足规格书和标准的要求

3）钢管涂覆保温材料的质量验收

钢管涂覆保温材料是在陆地预制中对钢管进行防腐涂覆和保温所用的材料。

（1）验收检查项目。

① 产品标识与材料证书检查。产品标识与材料证书检查满足规格书和相应标准的要求，以及购买方在合同规定的其他补充实验项目的实验数据及结果。

② 规格和数量。核查保温材料规格和数量。

（2）质量验收内容。

按照表4.27的内容对钢管涂覆保温材料进行质量验收。

表4.27　钢管涂覆保温材料的质量验收内容

验收项目	验收要求
产品标识与材料证书检查	产品标识与材料证书检查满足规格书和相应标准的要求，以及购买方在合同规定的其他补充实验项目的实验数据及结果
规格和数量	核查保温材料规格和数量

4）法兰的质量验收

法兰是指海底管道的用于管端之间连接的附件材料。

（1）验收检查项目。

① 产品标识与材料证书检查。产品标识与材料证书满足规格书和标准的要求，包括生产制造标准、化学元素含量、机械性能（包括屈服强度、抗拉强度、伸长率、硬度）等，以及购买方在合同规定的其他补充实验项目的实验数据及结果。

② 尺寸检查。产品尺寸检查，法兰与螺栓配套等，满足规格书和标准的要求。

③ 外观检查。产品表面光滑，不存在麻坑、裂纹、划痕等现象；FBE防腐涂层均匀一致，无漏涂点现象。

（2）质量验收内容。

按照表4.28的内容对法兰进行质量验收。

表4.28　法兰的质量验收内容

验收项目	验收要求
产品标识与材料证书检查	产品标识与材料证书满足规格书和标准的要求，包括生产制造标准、化学元素含量、机械性能（包括屈服强度、抗拉强度、伸长率、硬度）等，以及购买方在合同规定的其他补充实验项目的实验数据及结果
尺寸检查	产品尺寸检查，法兰与螺栓配套等，满足规格书和标准的要求
外观检查	产品表面光滑，不存在麻坑、裂纹、划痕等现象；FBE防腐涂层均匀一致，无漏涂点现象

5）锚固件的质量验收

锚固件是指海底管道的用于管道之间连接的附件材料。

（1）验收检查项目。

① 产品标识与材料证书检查。检查产品标识与材料证书是否满足规格书和标准的要求，包括生产制造标准、化学元素含量、机械性能（包括屈服强度、抗拉强度、伸长率、硬度）等，以及购买方在合同规定的其他补充实验项目的实验数据及结果。

② 尺寸检查。产品尺寸检查，包括直径、壁厚、椭圆度等，满足规格书和标准的要求。

③ 外观检查。产品表面光滑，不存在麻坑、裂纹、划痕等现象；FBE防腐涂层均匀一致，无漏涂点现象。

（2）质量验收内容。

按照表4.29的内容对锚固件进行质量验收。

表4.29　锚固件的质量验收内容

验收项目	验收要求
产品标识与材料证书检查	检查产品标识与材料证书满足规格书和标准的要求，包括生产制造标准、化学元素含量、机械性能（包括屈服强度、抗拉强度、伸长率、硬度）等，以及购买方在合同规定的其他补充实验项目的实验数据及结果
尺寸检查	产品尺寸检查，包括直径、壁厚、椭圆度等，满足规格书和标准的要求
外观检查	产品表面光滑，不存在麻坑、裂纹、划痕等现象；FBE防腐涂层均匀一致，无漏涂点现象

6）焊接材料的质量验收

焊接材料是指海底管道施工中焊接时所消耗的材料，包括焊条、焊丝、焊剂、保护气体等。

（1）验收检查项目。

① 材料证书。焊接材料材质证书经过第三方机构的认证签章；检查材质证书满足规格书和标准的要求，以及购买方在合同规定的其他补充实验项目的实验数据及结果。

② 材料批号。检查焊接材料包装上的牌号、批号、生产日期、焊材数量等信息符合材质证书和清单。

③ 包装情况。包装完好，焊条避免药皮受到损伤；卷状焊丝避免弯曲或无序缠绕。

④ 有无受潮。焊接材料必须储存在干燥的场所中。

（2）质量验收内容。

按照表4.30的内容对焊接材料进行质量验收。

表4.30　焊接材料的质量验收内容

验收项目	验收要求
钢管出厂验收	焊接材料材质证书经过第三方机构的认证签章；检查材质证书满足规格书和标准的要求，以及购买方在合同规定的其他补充实验项目的实验数据及结果

验收项目	验收要求
材料证书	检查焊接材料包装上的牌号、批号、生产日期、焊材数量等信息符合材质证书和清单
材料批号	包装完好，焊条避免药皮受到损伤；卷状焊丝避免弯曲或无序缠绕
包装情况	焊接材料必须储存在干燥的场所中

7）阳极材料的质量验收

（1）概述。

阳极材料是海底管道阴极保护的牺牲阳极材料。

（2）验收检查项目。

① 材料证书。材料证书经过第三方机构的认证签章；检查材料证书满足规格书和标准要求，以及购买方在合同规定的其他补充实验项目的实验数据及结果。

② 阳极芯要求。牺牲阳极芯应喷砂（用钢丸或钢砂）符合SSPC-SP10的要求，浇铸前必须100％外观检验。牺牲阳极芯位置应满足图纸要求。

③ 外观检验。牺牲阳极的外观检验满足规格书及相关标准的要求。

④ 化学成分。每炉应进行化学成分分析，取样数量和检测结果满足规格书及相关标准的要求。

⑤ 电化学测试。应进行电化学性能测试检验，取样数量和试验结果满足规格书及相关标准的要求。

⑥ 破坏性试验。应进行牺牲阳极的破坏性实验，取样数量及缺陷尺寸满足规格书及相关标准的要求。

⑦ 重量偏差。重量偏差满足规格书及相关标准的要求。

⑧ 尺寸公差。尺寸公差满足规格书及相关标准的要求。

⑨ 标识。标识满足规格书及相关标准的要求。

（3）质量验收内容。

按照表4.31的内容对阳极材料进行质量验收。

表4.31 阳极材料的质量验收内容

验收项目	验收要求
材料证书	材料证书经过第三方机构的认证签章；检查材料证书满足规格书和标准的要求，以及购买方在合同规定的其他补充实验项目的实验数据及结果
阳极芯要求	牺牲阳极芯应喷砂（用钢丸或钢砂）符合SSPC–SP10的要求，浇铸前必须100%外观检验。牺牲阳极芯位置应满足图纸要求
外观检验	牺牲阳极的外观检验满足规格书及相关标准的要求
化学成分	每炉应进行化学成分分析，取样数量和检测结果满足规格书及相关标准的要求
电化学测试	应进行电化学性能测试检验，取样数量和试验结果满足规格书及相关标准的要求
破坏性试验	应进行牺牲阳极的破坏性实验，取样数量及缺陷尺寸满足规格书及相关标准的要求
重量偏差	重量偏差满足规格书及相关标准的要求
尺寸公差	尺寸公差满足规格书及相关标准的要求
标识	标识满足规格书及相关标准的要求

8）节点防腐材料的质量验收

（1）概述。

节点防腐材料常用热缩带，按其背衬材质可以分为聚乙烯热缩带和聚丙烯热缩带两种。

（2）验收检查项目。

① 聚乙烯热缩带。胶黏剂、聚乙烯基材满足规格书的各项参数和性能要求，以及安装完成后的气泡和空鼓、搭接长度、附着力、阴极剥离、漏点测试等满足规格书的要求。

② 聚丙烯热缩带。胶黏剂、聚丙烯基材满足规格书的各项参数和性能要求，以及安装完成后的气泡和空鼓、搭接长度、附着力、阴极剥离、漏点测试等满足规格书的要求。

（3）质量验收内容。

按照表4.32的内容对节点防腐材料进行质量验收。

表4.32　节点防腐材料的质量验收内容

验收项目	验收要求
聚乙烯热缩带	胶黏剂、聚乙烯基材满足规格书的各项参数和性能的要求，以及安装完成后的气泡和空鼓、搭接长度、附着力、阴极剥离、漏点测试等满足规格书的要求
聚丙烯热缩带	胶黏剂、聚丙烯基材满足规格书的各项参数和性能的要求，以及安装完成后的气泡和空鼓、搭接长度、附着力、阴极剥离、漏点测试等满足规格书的要求

9）紧固件材料的质量验收

（1）概述。

紧固件材料是海底管道施工中螺栓固定用螺栓（螺柱）、螺母、垫圈等。

（2）验收检查项目。

① 材料证书检查。材料证书满足规格书和标准要求，包括生产制造标准、化学元素含量、机械性能（包括屈服强度、抗拉强度、伸长率、硬度）等，以及购买方在合同规定的其他补充实验项目的实验数据及结果。

② 材料尺寸外观检查。紧固件的规格满足规格书和标准要求。紧固件螺栓、螺母、垫圈匹配性良好。紧固件表面无裂纹、划痕，对于有涂层要求的紧固件避免涂层破损。

③ 紧固件包装运输检查。紧固件分类装箱，紧固件表面有保护。

（3）质量验收内容。

按照表4.33的内容对紧固件材料进行质量验收。

表4.33　紧固件材料的质量验收内容

验收项目	验收要求
材料证书检查	材料证书满足规格书和标准的要求，包括生产制造标准、化学元素含量、机械性能（包括屈服强度、抗拉强度、伸长率、硬度）等，以及购买方在合同规定的其他补充实验项目的实验数据及结果
材料尺寸外观检查	紧固件的规格满足规格书和标准的要求
	紧固件螺栓、螺母、垫圈匹配性良好
	紧固件表面无裂纹、划痕，对于有涂层要求的紧固件避免涂层破损

（续表）

验收项目	验收要求
紧固件包装运输检查	紧固件分类装箱，紧固件表面有保护

4.4.3　平管预制

（1）概述。

平管预制是指在陆地上进行海底管道多节点预制建造。焊接工艺程序通常采用埋弧焊工艺，并结合转胎工具在水平位置焊接；少数情况受管径规格限制也可采用半自动气体保护焊预制。锚固件、法兰、阳极等附件预制是在陆地上提前与海管节点预制焊接，焊接工艺程序通常采用焊条电弧焊，少数情况根据规格书的要求进行阳极铜钎焊。

（2）按照表4.34的内容对平管预制进行质量验收。

表4.34　平管预制的质量验收内容

验收项目		验收要求
执行标准		焊接及检验标准符合规格书及DNV-OS-F101和API 1104标准要求
组对检验	管号标记	检查炉号和管号的转移，坡口准备及管内清洁
	坡口尺寸	组对坡口按照焊接工艺程序要求制备，控制组对间隙及错皮量
	消磁	坡口加工后按照规范要求使用消磁设备进行消磁
	预热	每道焊口焊接前严格按照焊接工艺程序（WPS）中要求温度进行预热
焊接检验	焊接程序	焊接应按照业主批准并且第三方检验机构签字认证的WPS（焊接工艺程序）执行，并使用适合材质和规格覆盖范围内的WPS，不能超范围使用WPS
	焊工资质	焊工应持证上岗作业，不得超出焊工资质覆盖范围及有效期进行焊接作业。焊工资质过期必须重新进行资格评定

验收项目		验收要求
焊接检验	焊接设备	焊接设备的性能应满足焊接工艺的要求，并具有良好的工作状态和安全性能，焊机的电压和电流仪表盘应经过校准，并具有可以证明设备在有效使用期的校准证书，必要时需要准备焊接设备校准程序和校准日志
	焊接返修	所有返修工作包括缺陷的清除和返修焊接应符合批准的焊接程序和标准的要求
	焊后外观	焊后外观检验及验收标准符合规格书及DNV–OS–F101和API 1104标准
无损检测	全自动超声波检测	满足规格书及DNV–OS–F101和API 1104标准的要求
	射线检测	满足规格书及DNV–OS–F101和API 1104标准的要求
	超声波检测	满足规格书、API RP 2X、DNV–OS–F101和API 1104标准的要求
	磁粉检测	满足规格书、ASTM E709、DNV–OS–F101和API 1104标准的要求
附件预制	锚固件	锚固件预制应满足规格书及DNV–OS–F101和API 1104标准的要求
附件预制	法兰	法兰预制应满足规格书及DNV–OS–F101和API 1104标准的要求
	阳极	阳极预制应满足规格书及DNV–OS–F101和API 1104标准的要求
节点防腐及检验	节点除锈	满足规格书的要求
	盐份检验	满足规格书的要求
	热缩带及针孔检验	满足规格书、标准及厂家推荐的要求
	节点发泡	满足规格书、标准及厂家推荐的要求
特殊试验	腐蚀试验	腐蚀试验满足规格书和NACE MR0175等相关标准的要求
	裂缝尖端开口位移（CTOD）试验及工程临界评估（ECA）	CTOD试验及ECA评估满足规格书和BS 7448等相关标准的要求

4.4.4 立管和膨胀弯预制

（1）概述。

立管和膨胀弯预制是在陆地上进行立管多节点预制建造并安装于导管架，沿着导管腿由立管卡子固定。焊接工艺程序通常采用焊条电弧焊，也可采用半自动气体保护焊。锚固件、法兰、阳极等附件预制是在陆地上与海管节点预制焊接，焊接工艺程序通常采用焊条电弧焊，少数情况根据规格书的要求进行阳极铜钎焊。

（2）按照表4.35的内容对立管和膨胀弯预制进行质量验收。

表4.35　立管和膨胀弯预制的质量验收内容

验收项目		验收要求
执行标准		焊接及检验标准符合规格书及DNV-OS-F101和API 1104标准的要求
组对检验	管号标记	检查炉号和管号的转移，坡口准备及管内清洁
	坡口尺寸	组对坡口按照焊接工艺程序要求制备，控制组对间隙及错皮量
	消磁	坡口加工后按照规范的要求使用消磁设备进行消磁
	预热	每道焊口焊接前严格按照焊接工艺程序（WPS）中要求温度进行预热
焊接检验	焊接程序	焊接应按照业主批准并且第三方检验机构签字认证的WPS（焊接工艺程序）执行，并使用适合材质和规格覆盖范围内的WPS，不能超范围使用WPS
	焊工资质	焊工应持证上岗作业，不得超出焊工资质覆盖范围及有效期进行焊接作业。焊工资质过期必须重新进行资格评定
	焊接设备	焊接设备的性能应满足焊接工艺要求，并具有良好的工作状态和安全性能，焊机的电压和电流仪表盘应经过校准，并具有可以证明设备在有效使用期的校准证书，必要时需要准备焊接设备校准程序和校准日志
	焊接返修	所有返修工作包括缺陷的清除和返修焊接应符合批准的焊接程序和标准的要求

验收项目		验收要求
焊接检验	焊后外观	焊后外观检验及验收标准符合规格书及DNV-OS-F101和API 1104标准
无损检测	全自动超声波检测	满足规格书及DNV-OS-F101和API 1104标准的要求
	射线检测	满足规格书及DNV-OS-F101和API 1104标准的要求
	超声波检测	满足规格书、API RP 2X、DNV-OS-F101和API 1104标准的要求
	渗透检测	满足规格书及DNV-OS-F101和API 1104标准的要求
附件预制	锚固件	锚固件预制应满足规格书及DNV-OS-F101和API 1104标准的要求
	法兰	法兰预制应满足规格书及DNV-OS-F101和API 1104标准的要求
	阳极	阳极预制应满足规格书及DNV-OS-F101和API 1104标准的要求
节点防腐及检验	节点除锈	满足规格书的要求
	盐份检验	满足规格书的要求
	热缩带及针孔检验	满足规格书、标准及厂家推荐的要求
	节点发泡	满足规格书、标准及厂家推荐的要求
特殊试验	腐蚀试验	腐蚀试验满足规格书和NACE MR0175等相关标准的要求
	CTOD试验及ECA评估	CTOD试验及ECA评估满足规格书和BS 7448等相关标准的要求

4.4.5　耐蚀合金复合管预制

（1）概述。

耐蚀合金复合管预制是在复合钢管管端堆焊耐蚀合金，堆焊层长度和堆焊层厚度满足规格书的要求，堆焊后要求管端进行机加工，确保堆焊管端尺寸精度，同时在陆地上进行海底管道的多节点预制建造。

（2）按照表4.36的内容对耐蚀合金复合管预制进行质量验收。

表4.36 耐蚀合金复合管预制的质量验收内容

验收项目		验收要求
执行标准		焊接及检验标准符合规格书及DNV-OS-F101和API 1104标准的要求
管端处理	堆焊层要求	堆焊长度和堆焊层厚度满足规格书的要求
	管端尺寸控制	堆焊后要求管端进行机加工,确保堆焊管端尺寸精度
组对检验	管号标记	检查炉号和管号的转移,坡口准备及管内清洁
	坡口尺寸	组对坡口按照焊接工艺程序要求制备,控制组对间隙及错皮量
	预热	每道焊口焊接前严格按照焊接工艺程序(WPS)中要求温度进行预热
焊接检验	焊接程序	焊接应按照业主批准并且第三方检验机构签字认证的WPS(焊接工艺程序)执行,并使用适合材质和规格覆盖范围内的WPS,不能超范围使用WPS
	焊工资质	焊工应持证上岗作业,不得超出焊工资质覆盖范围及有效期进行焊接作业。焊工资质过期必须重新进行资格评定
	焊接设备	焊接设备的性能应满足焊接工艺的要求,并具有良好的工作状态和安全性能,焊机的电压和电流仪表盘应经过校准,并具有可以证明设备在有效使用期的校准证书,必要时需要准备焊接设备校准程序和校准日志
	焊接返修	所有返修工作包括缺陷的清除和返修焊接应符合批准的焊接程序和标准的要求
	焊后外观	焊后外观检验及验收标准符合规格书及DNV-OS-F101和API 1104标准
无损检测	全自动超声波检测	满足规格书及DNV-OS-F101和API 1104标准的要求
	射线检测	满足规格书及DNV-OS-F101和API 1104标准的要求
	超声波检测	满足规格书、API RP 2X、DNV-OS-F101和API 1104标准的要求
	渗透检测	满足规格书及DNV-OS-F101和API 1104标准的要求
附件预制	锚固件	锚固件预制应满足规格书及DNV-OS-F101和API 1104标准的要求
	法兰	法兰预制应满足规格书及DNV-OS-F101和API 1104标准的要求
	阳极	阳极预制应满足规格书及DNV-OS-F101和API 1104标准的要求

验收项目		验收要求
节点防腐 及检验	节点除锈	满足规格书的要求
	盐份检验	满足规格书的要求
	热缩带及针 孔检验	满足规格书、标准及厂家推荐的要求
	节点发泡	满足规格书、标准及厂家推荐的要求
特殊试验	稀释率测试	稀释率满足规格书和相应标准的要求
	腐蚀试验	腐蚀试验满足规格书和 NACE MR0175 等相关标准的要求

4.4.6　海底管道涂敷保温

（1）概述。

海底管道涂敷保温过程包括钢管防腐、钢管保温、钢管配重以及阳极安装。

（2）按照表 4.37 的内容对海底管道涂敷保温进行质量验收。

表 4.37　海底管道涂敷保温的质量验收内容

验收项目		验收要求
钢管 质量检验	标记	检查钢管标记，确认钢管信息
	外观检验	检查钢管表面油污、锈蚀、缺陷及避免坡口损伤
防腐涂敷	除锈	检查环境温湿度和表面，除锈等级、锚纹深度、灰尘污染度、管表面盐份等满足规格书和标准的要求
	加热	钢管加热温度满足规格书和材料厂家推荐的要求
	涂敷	FBE 粉末涂敷、AD 涂层缠绕、PE 涂层缠绕、水冷等满足规格书的要求
	涂层检测	涂层在线检测、实验室检测满足规格书的要求
保温涂敷	绑扎木料温 调节吊管入模	绑扎木块位置和数量，原料温度满足规格书和材料厂家推荐的要求
	穿入外管	检查钢管在模具中的位置，保证管端预留长度；检查固化时间、内外管相对位置。

（续表）

验收项目		验收要求
钢管配重	配重管涂敷	称重、搅拌、混凝土的使用满足规格书和标准的要求
阳极安装	阳极安装	阳极位置、焊接及检验满足规格书要求和标准的要求

4.5 陆地完工验收

4.5.1 简介

陆地完工验收主要是海底管道陆地预制建造阶段完工状态检查和阶段完工文件的验收。

4.5.2 陆地完工检查

陆地预制建造完工后，项目组应组织建造人员、检验人员、第三方及业主根据规范和合同的要求，对海底管道陆地预制建造完工结果进行检验和确认。检验完成后，由业主开具阶段完工确认报告。终检发现的遗留项应完整、详细地记录在遗留项清单上，遗留项在移交前应全部关闭。所有报批的程序文件以及检验报告与记录应交由第三方和业主审核签字并编入最终完工资料。陆地预制完工检查清单如表4.38所示。

表4.38　陆地预制完工检查清单

类别	检查项目
材料	海底管道平管
	立管和膨胀弯
	焊接材料（焊丝、焊条、焊剂、保护气体）
	法兰和锚固件
	阳极、节点防腐材料及其他附件

类别	检查项目
程序文件	焊接程序
	无损检测程序
人员资质	焊工资质
	无损检验人员资质
设备	焊机设备
	辅助工机具

4.5.3　完工文件

海底管道陆地完工之后，承包商需要按照下表的内容和格式项提交阶段完工文件，提交时间应在陆地完工2个月内。陆地预制完工文件清单如表4.39所示。

表4.39　陆地预制完工文件清单

序号	完工文件目录	盖章原版	扫描版
1	海底管道焊接程序	o	o
2	焊工资质	o	o
3	无损检测程序	o	o
4	无损检测人员资质	o	o
5	海底管道节点防腐施工程序	o	o
6	焊接外观检验报告		o
7	焊缝无损检测报告		o
8	清管试压报告		o
9	施工日志		o

注：各专业质量验收表格中"o"代表设计阶段工作范围。

海底管道安装与质量验收

5.1 概述

5.1.1 简介

本章介绍的安装阶段质量验收指的是对海底管道安装设计及施工的质量验收。

海底管道的安装阶段包含预调查、安装设计、海底管道装船运输、海底管道铺设、立管膨胀弯安装、海底管道挖沟、预调试、后调查、竣工验收等内容。其中安装设计的成果文件主要包括安装程序、图纸及计算分析报告。

安装文件设计质量验收程序：供业主征求意见（issued for comments, IFC）版安装设计成果文件提交给业主征求意见，业主审查后将意见返回给安装设计，安装设计对意见进行回复，并根据意见对成果文件修改升版，征求业主无意见后，直接升为供业主审批（issued for approval, IFA）版，正式报业主审批，成果文件同时由业主发给业主指定的第三方审查，安装设计方负责对成果文件的第三方意见进行回复，成果文件由业主和第三方批准后，按照安装设计文件进行作业施工。

在安装施工作业过程中，业主和第三方全程参与监督海底管道的装船、运输和安装施工流程。对装船固定、施工流程、安装结果进行验收。海底管道安装满足设计要求后，业主和第三方要签署阶段性和最终的完工确认报告。安装设计及施工流程如图5.1所示。

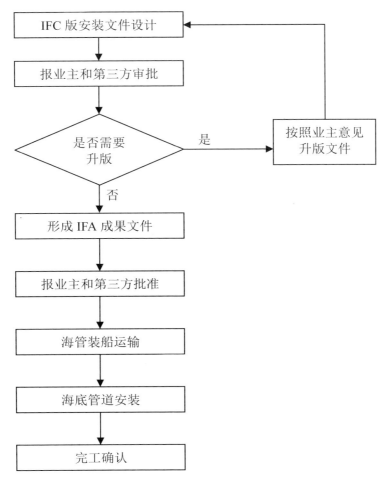

图5.1　海底管道安装设计及施工流程

5.1.2　安装方法

海上油气田开采出的油气除少数在海上直接装船外运外,多数是通过管道转输至陆上加工并分别输送到用户。随着海洋石油天然气开发的不断深入,海底管道的作用显得越来越重要,而对于海底管道铺设的专用设备——铺管船的关注程度也在不断提高。目前,铺管船更新换代的速度明显加快,专业化程度越来越高。铺管船形式较为多样,既有纯粹的铺管船,也有起重能力非常强的起重铺管船。从船体上,大致可以划分为驳船式、普通船型式和半潜式。总体上,驳船式铺管船排水量大,比较适合较浅水域施工,例如滩海和浅近海;普通船型式铺管船吃水深度相对较深,适合需要承载较重设备或高起吊力时使用;半潜式船体巨大,吃水深度大,稳定性高,多用于深海和环境较为恶劣的海域。从铺管方式上,可以分为"S"形、"J"形以及卷筒式铺管船。多数铺管船都属于"S"形铺管船,此类铺管船多用于较浅海域;"J"形铺管船用于深海海域作业;而卷筒式铺管船既可以用于深海,也可用于浅海,但是管道直径不宜过大。

本章主要针对目前我国较成熟的"S"形铺管施工方法进行阐述。铺管船法通过铺管船的锚泊系统或动力定位系统使船舶实现精确就位,所铺设的海底管道位置的误差基本能够控制在 10 m 以内;而且可以借助水下机器人水下监视、安装屈曲探测器等手段使海底管道的施工质量得到保证。无论是在6~7 m水深的浅水,还是在上千米水深的深水,均有铺管船法实施的成功工程案例。目前国际上使用铺管船法铺管的最大水深已接近3 000 m。

铺管船法属于流水线作业,速度快,连续性好,目前世界上最先进的铺管船,已经能够每天铺设海底管道多达9 000 m,尤其适合铺设长距离管道。

铺管船法铺设海管可以保证海管在焊接完毕后尽快落在海底,相较于其他方法海管悬空段较少,受海流、波浪等因素的影响也比较少,而且悬空时间为3~4 h,减少了发生断裂的可能性。

该技术适用于的管径为4~60 in,材质为碳钢的海底管道的铺设,根据能力的不同,其对作业环境的要求也不同,以目前国内较常用的浅水"S"形铺管船为例,作业水深一般为8~300 m,可以在7级风以下情况进行作业。

5.1.3 铺管系统

1)基本工作程序

铺管船法作为应用最为普遍的铺管方法,它的基本工作程序:将所要铺设的管道由运管船倒运到铺管船上,然后在铺管船的作业线中,依次完成管道的组对、焊接、检验、防腐、保温作业,最后通过移船使管段从船艉部托管架上滑移入水。管道的中间阶段成"S"形,并分为拱弯段、垂弯段两个部分。

2)铺管船

铺管船应具有足够张力的张紧器,使管道不能自由滑动,并且能够使管道的下滑与铺管船的位移同步。同时通过调节船上或托管架上的管道支撑,应能够保证管道光滑地传送到水中,并且使管道在传送至着泥点前的整个过程中,管道上的载荷均维持在规定的范围内。

铺管船还应有合适的型长、型宽、型深等，具有较强的抗风浪能力，以免作业经常被中断。

所有的船舶应有一个公认的船级社认可的有效入级证书。此有效入级证书应包括所有安全操作的重要系统。对船舶的进一步要求应在规格书中给出，这些要求包括：

（1）锚泊系统。

（2）定位和勘察设备。

（3）动力定位设备和参考系统。

（4）报警系统，需要时包括遥控报警。

（5）特定区域内船舶的适航性。

（6）起重机和提升设备。

（7）海管安装设备。

（8）由作业性质决定的其他要求。

在船舶工作前应完成船舶的检验和鉴定，以确认船舶和它们的主要设备能够满足规定的要求并能完成预定的工作。

海底管道铺设主作业船的选取应考虑满足施工需要的铺管船（见图5.2），需要考虑的船舶特性包括铺管船的国旗、船籍港、总长、型宽、型深、干舷高度、甲板载重、主钩吊重、张紧器、适用管径、A/R（弃管回收）绞车、工作站和托管架等。结合相关计算数据保证选取合适的资源。

图5.2　铺管船

3）张紧器系统

张紧器（见图5.3）可以为海管提供张力，保证海管稳定地停留在作业线中，确保作业线各工作顺利进行。

铺设船舶的张紧系统应具有如下功能：

（1）张紧器、刹车闸和夹钳应具有足够的夹持力量，以保证正常施工时海管安全。

（2）张紧系统应具有足够的张紧力，使个别张紧器的破坏不会影响海管的整体性。

（3）张紧系统应具有应急夹紧功能，以保证张紧器故障时能够夹紧海管，保证海管的安全性。

图5.3　张紧器

4）A/R（弃管回收）绞车

A/R绞车是可以提供大张力，能够起到与张紧器同样作用给海管提供张力的绞车。在起始终止铺设和弃管回收时连接封头，为海管提供张力，代替张紧器，保证海管可以在作业线移动，平稳的将海管放置在海底或回收至作业线。

为了能够收放管道，铺管船上的A/R绞车（见图5.4）需要具有足够的牵引力，以满足管道在弃管和回收过程中的应力不超过许用范围。

图 5.4　A/R 绞车

5）锚泊系统和动力定位系统

根据就位系统的不同，铺管船分为锚泊系统和DP（动力定位）系统。

锚泊系统是在铺管船的前后左右通常布置有8~12台工作锚机，调节锚缆的张力可以稳定船舶，调节锚缆的长短可以移动船位。但由于工作锚机系统的局限性，其作业水深最大为300 m。

根据船舶的作业能力，当作业水深大于200 m时通常采用动力定位船舶进行海管铺设。动力定位技术是在船上布置数台推进器，控制系统自动通过船上的差分全球定位系统（differential global position system, DGPS）信号进行调整推进的方向和推力，使船舶可以稳定在某一地点规定范围内。

6）导航定位系统

每种类型船舶的定位系统及其精度均有相应的要求。

平面定位系统精度应与作业时要求一致，并足以完成路由勘察工作，使铺设海管、安装支撑结构或布锚在规定的误差范围内进行，并为局部定位系统建立参考点。

在密集区域施工和在要求精确定位处工作时，可能需求类似于应答器系统的高精度局部定位系统。应用水下机器人监控作业时也需要高精度的定位。

定位系统应提供如下信息：

（1）相对于所用的参考坐标系统的位置。

（2）地理位置。

（3）偏离指定位置的误差。

（4）偏离天线位置的误差。

定位系统应具备不小于100%的备用设备，以防止定位系统故障造成操作中断。

定位系统安装、操作前，应提交表明定位系统已校准，并具有在规定的精度范围内工作能力的文件。

7）其他设备

当使用铺管船铺设时，海管在船上和托管架（见图5.5）上由滚轮、轨道或允许海管轴向移动的导向轮支撑。支撑结构应避免对涂层、现场节点涂层、阳极和在线安装组件造成破坏，并使滚轮可自由移动。支撑结构的垂直和水平调节应保证海管能从船上光滑地传送到托管架上，并使海管上的载荷维持在规定的范围内。支撑结构的高度和间距以清晰易辨的方式标明。在铺管之前应确定海管支撑结构的几何形状，除特殊指明外应标出经确认的支撑结构的高度和间距。

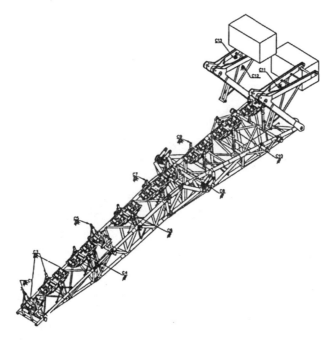

图5.5　托管架

海管铺设前，应根据铺管作业线在线使用设备尺寸、管道形式、作业站数、作业工序、单作业工序时间等进行铺管作业线布置。

托管架角度及其滚轮高度应进行适当调节，以保证海管能从船上光滑地传送到托管架，并使海管上的载荷维持在规定的范围内。铺管前应确认托管架角度及其滚轮高度满足要求。

屈曲探测器应处于可监视危险区域的位置（海管与海床接触点后20~30 m处）。屈曲探测器的圆盘直径应考虑钢管的内径、椭圆度、壁厚、不直度和内焊道的误差，其圆盘直径为海管内径的96%。

如管径较小使内管壁与屈曲探测器间间隙较小以及屈曲探测器与内焊道相接触发出错误指示时，经业主和第三方许可，可不采用屈曲探测器。

5.1.4 海底管道施工案例

以渤海油田某海管项目为例，整体介绍海底管道的安装工艺流程和施工作业方案（见图5.6）。

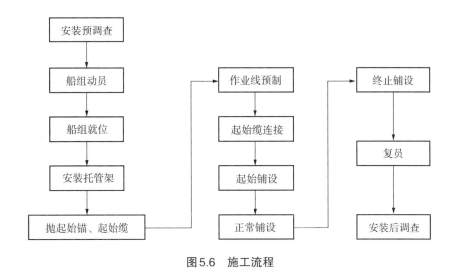

图5.6 施工流程

1）安装预调查

在施工之前，要对管线路由沿线左右所涉及的施工范围内的地质资料进行调查，用勘测船对管线路由旁扫，并对路由上的水文资料进行收集，针对收集到的资料对施工方案进行优化，对路由上的缺陷点提前处理。

2）船组动员

根据施工日期和各资源动员所需时间，提前对船舶和施工队伍、物料等进行动员，保证在施工开始时一切资源就绪。

3）船舶就位

起、抛锚的船舶要配备具有足够精度的水面定位系统以引导起、抛锚作业。

制定起、抛锚程序（见图5.7），以保证：锚的位置与就位所需的锚位布置一致；了解在海底设施附近起、抛锚时海底设施所有者的要求并与之建立通讯联系；确认锚下落前的位置；监测整个过程中锚的位置，尤其是在海底设施附近的位置；因作业性质决定的其他要求；在海底建筑物上方运输锚时，要保证锚被安全地放置在起、抛锚船舶的甲板上；在起、抛锚作业期间，应注意锚及锚缆位置，以保持锚及锚缆与任何海底设施或障碍物的安全距离。

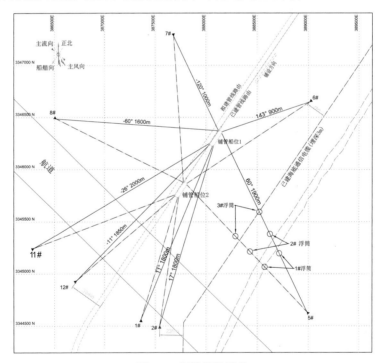

图5.7　船舶抛锚就位

4）托管架调整

根据预先计算，对托管架角度，滚轮高度对托管架进行调整，确保海管与托管架滚轮充分接触，使托管架滚路受力均匀，保证海管铺设安全。

5）起始铺设

（1）抛起始锚、起始缆。预先将起始锚放置到抛锚船上，并将起始缆缠到抛锚船，其中一端固定在抛锚船上，另一端交与主作业船并固定，待到达预订抛锚位置后，连接起始缆与起始锚、锚头缆和起始锚，将起始锚抛下。

（2）拉力试验。进行铺设张力试验，以确定正常铺设时锚泊系统、起始缆性能满足要求，张力试验采用的张力经验值一般为海底管道铺设分析报告所确定的铺设张力的1.2~1.5倍。作业线预制及起始缆连接。在抛起始锚的同时，作业线可进行海管预制，焊接起始封头，并在行车的辅助下进行管线在滚轮间的移动，待管头到达预定位置并且拉力试验完成后，将起始缆与起始封头连接。抛起始锚应借助定位系统、海底管道铺设分析报告、详细设计规格书等，精确计算起始缆长度、定位海管起始点，确保海底管道起始点位于目标区域。

6）正常铺设

海管进入作业线前，要对海管进行坡口加工，根据不同工艺进行对海管进行不同的坡口加工，自动焊加工（见图5.8）"U"形坡口，半自动焊和手把焊需要加工"V"形坡口。

焊接分为封底、填充和盖面，根据海管管径和船舶的不同，合理布置焊接站的个数和每个焊接站的工作，在焊接完成后对节点进行冷却。

图5.8　自动焊焊接

检验分为AUT（见图5.9）、UT、MT、RT，目前以AUT使用的最多，UT和MT多使用在返修后的检验。

　　若焊接不合格，检验人员需标明缺陷位置和长度，焊接人员对其进行气刨至缺陷位置进行返修，返修站一般在检验站处，如果检验仪器线路足够长，可在检验站后预留一个返修站，可以节约时间，在返修后对节点进行 AUT 和其他检验，保证质量。

图5.9　AUT

　　涂敷处理一般分为防腐包胶、聚氨酯填充（水泥配重管使用），如图5.10所示。

　　（1）防腐包胶处理。对于 PE 防腐层海管通常用热缩带进行包裹，最后用喷枪加热，使热缩带定形。

　　（2）聚氨酯填充处理。对于水泥涂层配重管通常用聚氨酯发泡的方式，先用铁皮搭在节点两端的水泥配重层上包裹节点，再将铁皮接头焊接固定，然后注射聚氨酯发泡所需的药液进行泡沫填充。

图5.10　涂敷防腐作业

7）终止铺设

终止铺设前，应根据海底管道铺设分析报告、定位实际打点记录及详细设计路由数据，计算海管终端在海床的终点位置，确保海管终端位于目标区域。

终止铺设时，先焊接终止封头，按照设计连接到A/R缆上，在终止管头到达张紧器前进行张力转换，转换完毕后将张紧器打开，待终止封头出托管架后，逐渐减小张力，直至管头着泥，然后潜水员或水下机器人（ROV）进行水下脱钩（见图5.11）。终止铺设后需要对管头位置进行调查，确保管头在预定范围内。

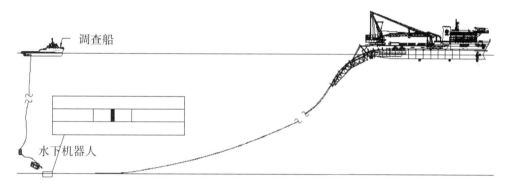

图5.11　终止铺设ROV测量管端位置

8）复员

在施工结束后，对所有资源进行复员，事先做好复员计划，并跟踪所有设备和资源复员的情况。

9）安装后调查

在总体施工结束后，对整条管线现有状况进行调查，一般使用ROV对整条管线的节点保护，管线路由等进行调查。

5.2　安装阶段基本规定、规范和标准

5.2.1　基本规定

1）安装阶段质量验收方

安装阶段的设计文件和施工成果通常由业主和业主指定的第三方及海事

保险进行验收。根据海上施工流程和业主的要求，通常将验收项分为重点验收项和一般验收项。海底管道安装设计管理应有健全的质量管理体系和质量记录文件。

2）安装过程质量验收阶段划分

按照海底管道安装流程，海底管道安装阶段的质量验收可划分为安装设计成果文件验收、安装过程验收、安装完工验收三部分。其中安装设计文件验收主要包括安装程序、图纸及计算内容的设计与审批，安装过程验收主要包括海底管道装船、运输以及海上安装作业。完工验收主要是业主根据规范和合同的要求，对海底管道的安装完工状态及各个关键节点进行确认验收。

3）安装设计成果文件验收

初版的安装设计文件提交给业主征求意见，业主审查后，将意见返回给安装设计方，安装设计方对意见进行回复，并根据意见对设计文件修改升版，提交给业主供审批，设计文件同时由业主发给业主指定的第三方及海事保险进行审核，安装设计方负责对设计文件的第三方及海事保险意见进行回复，设计文件由业主和第三方批准后，在文件上加盖业主和第三方的批准章，批准后的文件发给施工方，用于施工。

4）安装过程验收

海底管道的安装过程，分为装船、运输和海上安装三个板块。

在海底管道装船过程中，要对装船方式的选取、装船准备、现场海况的监测进行确认，确保装船方案的可行。在装船完毕后要对装船位置、固定方式进行确认，确保与设计保持一致。并通过业主和海事保险的批准。

在拖航运输前，要对船舶稳性及拖航分析进行检验、确认，得到中国船级社（CCS）颁发的适拖证书和海事保险的批准。（注：如果驳船能自航则不用CCS签发适拖证书）

海上安装前，要对海底管道安装路由进行调查，并对安装计划、作业工况、施工流程以及应急程序进行联检确认，规避海上施工风险，确保方案的可行。在安装关键节点处，请业主及第三方进行关键点的签字确认。

5）安装完工验收

海底管道安装完工验收，是指业主联合第三方，根据规范和合同的要求，对海底管道的最终安装结果进行检验和确认。完工验收包括海底管道的路由定位报告、海底管道埋深测量报告、海底管道清管试压报告、焊接与检验报告等。

5.2.2 规范和标准

安装阶段依据的主要规范和标准有

（1）《DNV-OS-F101海底管道系统》

（2）《API 1104（1999）管道及相关设施焊接》

（3）《ASME B16.5（2003）管法兰和法兰管件》

（4）《API Spec 5L（2007）管道钢管》

5.3 安装设计文件验收

5.3.1 简介

（1）海底管道安装设计作为工程项目实施的一个重要阶段，是海底管道能否按规范和规格书的要求安装到指定海域的关键步骤。海底管道的安装设计是根据现有的船舶设施的能力、安装设计水平和施工组织能力进行的。因此对详细设计中有关安装过程、方法以及规模的设定进行审查和修改。设计和审查过程中主要包括程序设计、图纸设计和计算报告设计。

（2）按照表5.1的内容对海底管道安装设计进行质量验收。

表5.1 海底管道安装设计的质量验收内容

验收项目	设计文件名称
程序	海底管道设计基础
	海底管道铺设程序
	悬跨处理程序
	海底管道水面对接程序
	海底管道登陆拖拉程序
	立管、膨胀弯安装程序
	预调试程序（包括清管、试压、排水、干燥、惰化等）
	抛锚程序
	挖沟程序

（续表）

验收项目	设计文件名称
图纸	海底管道装船图
	安装锚位图
	起始锚、缆布置图
	海底管道对接图
	安装辅助工具加工图
	交叉点处理图
	水泥压块布置图
计算	船舶稳性分析报告
	装船固定分析报告
	海底管道铺设分析报告
	锚泊分析
	海底管道起吊分析报告
	立管、膨胀弯起吊分析报告
程序	安装设计文件目录
图纸	起始、终止铺设图
	临时弃管回收图
	预调试设备布置图
	甲板布置图
计算	安装辅助工具强度校核报告

5.3.2 预调查

（1）预调查工作是进行海底管道设计安装工作的前置工作，务必保证每个参数的准确性，防止在海底管道安装期间发生事故。

（2）按照表5.2的内容对预调进行质量验收。

表5.2　预调查的质量验收内容

验收项目	验收要求
测量方法	浅地层剖面测量
	旁侧声呐扫描
	水深测量
	磁力探测
	海流监测
测量区域	以海底管道起终点平台为中心的一个规定正方形区域为精确就位区域
	以海底管道路由为中心两侧各延伸一定宽度
数据处理	根据调查结果，做出水深图、地形地貌图、海底设施分布图等
调查报告	预调查施工程序应得到批准后实施，并在完成后提交调查报告

5.3.3　施工程序

1）海底管道铺设程序

（1）海底管道铺设程序是通过铺管船将海底管道铺设至指定安装路由的施工方法。海底管道铺设程序应包括项目信息概述、环境参数、施工船舶及设备、作业流程、应急方案等。海底管道铺设程序验收应注意方案的可行性和数据的准确性，确保海管铺设工作能按程序安全有效地完成。

（2）按照表5.3的内容对海底管道铺设程序进行质量验收。

表5.3　海底管道铺设程序的质量验收内容

验收项目	验收要求
程序	项目信息描述齐全
	规范应用满足业主及公司的要求
	海管参数、路由及关键点坐标与详设最新版文件一致
	HSE章节描述符合业主及公司的规定
	程序中引用的文件、图纸的编号、名称和版本与实际最新版文件一致

（续表）

验收项目	验收要求
程序	关键岗位分工描述合理
	坐标系统的通用性和一致性满足要求
船舶及设备	船舶资源选择合理
	作业船舶的作业条件限制与船舶规格一致
	坡口机、焊机、对中器、检验设备、涂敷防腐设备等关键设备的规格与数量与实际情况一致
安装要求	铺管预、后调查满足业主的要求
	若海管路由存在障碍物、悬跨等现象，需要进行预处理
	海管起始铺设方式选择合理
	起始铺设拉力试验张力选择和持续时间合理
	起始铺设精度与详设一致
	海管起始铺设索具选择与相关图纸一致
	海管起始铺设步骤描述合理
	正常铺管步骤描述合理
	阳极安装方式描述满足最新详设文件的要求
	焊接、检验、涂敷方式等与实际情况一致
	作业线布置合理
	终止弃管索具选择与相关图纸一致
	终止弃管精度满足详设要求
	终止弃管步骤描述合理
	铺设张力与铺管计算报告一致
	托管架角度、滚轮高度（包括作业线滚轮和托管架滚轮）与铺管计算报告一致
	当锚缆跨越已存管线时，锚缆需要绑浮筒
	跨越点铺设步骤描述合理

（续表）

验收项目	验收要求
安装要求	海管铺设着泥点监测满足最新版详设的要求
	应急回收装备规格满足要求
	铺管屈曲监测方式满足最新版详设的要求
	应急回收方案合理，如采用潜水员还是ROV操作，根据不同屈曲情况选择排水操作等

2）海底管道抛锚程序

（1）海底管道抛锚程序是针对使用锚泊定位系统的铺管船编制的起、抛锚施工方法。抛锚程序应包括项目信息概述、环境参数、施工船舶及设备、起抛锚流程、应急方案等。抛锚程序验收应注意环境参数的准确性和应急预案的可操作性，确保抛锚作业不对其他海底设施造成损坏。

（2）按照表5.4的内容对海底管道抛锚程序进行质量验收。

表5.4　海底管道抛锚程序的质量验收内容

验收项目	验收要求
程序	项目信息描述齐全
	施工船舶描述与实际情况一致
	HSE章节描述符合业主及公司规定
	程序中引用的文件、图纸的编号、名称和版本与实际最新文件一致
	关键岗位人员责任和数量描述与实际情况一致
锚泊要求	常规抛锚准备阶段描述符合规格书的要求
	常规抛锚执行阶段描述符合规格书的要求
	常规移锚阶段描述符合规格书的要求
	跨越已存管线抛锚描述符合规格书的要求
	跨越已存管线移锚描述符合规格书的要求
	跨越已存管线回收锚描述符合规格书的要求

（续表）

验收项目	验收要求
锚泊要求	特殊情况抛锚描述符合业主及公司的相关规范
	应急情况描述符合业主及公司的相关规范

3）海底管道登陆拖拉程序

（1）在海上油气田与陆地终端进行管道连接时，由于近岸区域水深较浅，铺管船无法驶入，故在浅水区域施工时，使用绞车等方式进行近岸段以及陆地段管道拖拉铺设。海底管道登陆拖拉程序即是针对这种情况编制的施工方法。登陆拖拉程序应注意方案的可行性和数据的准确性。

（2）按照表5.5的内容对海底管道登陆拖拉程序进行质量验收。

表5.5　海底管道登陆拖拉程序的质量验收内容

验收项目	验收要求
程序	项目信息描述齐全
	海管参数与详设最新版文件一致
	HSE章节描述符合业主及公司规定
	程序中引用的文件、图纸的编号、名称和版本与实际最新版文件一致
	关键岗位分工描述合理
船舶及设备	船舶资源选择合理
	作业船舶的作业条件限制与船舶规格一致
	海管拖拉设备选择合理
	坡口机、焊机、对中器、检验设备、涂敷设备等关键设备的规格与数量与实际情况一致
安装要求	海管路由及关键点坐标与详设最新版文件一致
	坐标系统的通用性和一致性满足要求
	规范应用满足业主及公司的要求
	海管拖拉预、后调查满足业主的要求

（续表）

验收项目	验收要求
安装要求	若海管路由存在障碍，需要进行预处理或预挖沟
	海管拖拉陆地侧索具连接与相关图纸一致
	海管拖拉力计算步骤正确，结果真实
	海管拖拉完成后需要回填处理
	海管拖拉时浮筒绑扎方式利于施工
	托管架角度、滚轮高度（包括作业线滚轮和托管架滚轮）与计算报告一致
	海管拖拉步骤描述合理
	阳极安装方式描述满足最新详设文件的要求
	焊接、检验、涂敷方式等与实际情况一致
	作业线布置合理
	铺设张力与铺管计算报告一致

4）海底管道挖沟程序

（1）海底管道铺设完成后，为避免因波浪或潮流造成管线偏移和悬空，避免因渔业和航运活动而损坏，一般采用后挖沟方法对海底管道进行埋设保护，该程序即是针对挖沟作业编写的施工方法。

（2）按照表5.6的内容对海底管道挖沟程序进行质量验收。

表5.6　海底管道挖沟程序的质量验收内容

验收项目	验收要求
程序	项目信息描述齐全
	海管参数、路由及关键点坐标与详设最新版文件一致
	HSE章节描述符合业主及公司规定
	程序中引用的文件、图纸的编号、名称和版本与实际最新版文件一致
	关键岗位分工描述合理
	坐标系统的通用性和一致性满足要求

(续表)

验收项目	验收要求
程序	规范应用满足业主及公司的要求
船舶及设备	船舶资源选择合理
	作业船舶的作业条件限制与船舶规格一致
	挖沟机的选择满足海底土壤抗剪强度的要求
	挖沟机能力匹配规格书中关于沟深、沟宽等参数的要求
安装要求	挖沟作业方法根据海况、海床土质、挖沟深度以及设备能力确定
	挖沟机就位需要GPS定位及声呐扫描,并借助潜水员或者水下机器人进行确认
	挖沟深度通过设备传感监测系统、潜水员以及水下机器人等方式进行监控和确认,以满足规格书要求的深度,沟深不满足要求时,应重复挖沟保证设计沟深

5)立管膨胀弯安装程序

(1)立管、膨胀弯按照连接方式一般可以分为水下法兰连接和整体立管连接,两种连接方式的施工技术均已十分成熟。其中,水下法兰连接方式顾名思义是指平管、膨胀弯、立管之间采用法兰连接,立管和膨胀弯分别进行预制,然后在水下通过法兰将三者进行连接。而与之相对应的整体立管连接方式是指平管、膨胀弯、立管之间采用在水面以上组对、焊接、检验,然后整体下放的方式。

(2)按照表5.7的内容对立管膨胀安装程序进行质量验收。

表5.7　立管膨胀弯程序的质量验收内容

验收项目	验收要求
程序	项目信息描述齐全
	海管参数、路由及关键点坐标与详设最新版文件一致
	HSE章节描述符合业主及公司规定
	程序中引用的文件、图纸的编号、名称和版本与实际最新版文件一致
	关键岗位分工描述合理
	坐标系统的通用性和一致性满足要求
	规范应用满足业主及公司的要求

（续表）

验收项目	验收要求
船舶及设备	船舶资源选择合理
	作业船舶的作业条件限制与船舶规格一致
	液压拉伸器或液压扳手等机具满足法兰螺栓安装要求
安装要求	安装流程与起吊计算相符
	程序中关于施工机具应与实际使用一致

6）预调试程序

（1）预调试工作是在海底管道连接完成后，检验海底管道施工质量的手段，是对整条海底管道综合性能的考察。预调试结果达到设计要求，是海底管道系统施工质量合格、通过验收的关键依据。该程序对预调试的方式方法进行了描述。

（2）按照表5.8的内容对海底管道预调试程序进行质量验收。

表5.8　海底管道预调试程序的质量验收内容

验收项目	验收要求
程序	项目信息描述齐全
	海管参数、路由及关键点坐标与详设最新版文件一致
	HSE章节描述符合业主及公司的规定
	程序中引用的文件、图纸的编号、名称和版本与实际最新版文件一致
	关键岗位分工描述合理
	坐标系统的通用性和一致性满足要求
	规范应用满足业主及公司的要求
安装要求	预调试所使用设备精度满足规格书的要求
	预调试流程中关于流量、压力、时间等关键参数的设置满足规格书的要求
	预调试验收标准选择满足规格书的要求

7）海底管道水面对接程序

（1）海管对接工艺多应用于登陆管线铺设和断管修复工作，基本满足以下情况：

① 登陆管线铺设，平台弃管端受平台的影响无法正常弃管，采用从两端向中间铺设，在合适的水深进行对接；

② 工期紧张，采用2条铺管船同时从两端进行铺设，在中间合适的水深进行对接；

③ 管线意外破损，如不使用水下法兰对接，就需要使用水上对接工艺。

（2）按照表5.9的内容对海底管道水面对接程序进行质量验收。

表5.9　海底管道水面对接程序的质量验收内容

验收项目	验收要求
程序	项目信息描述齐全
	海管参数、路由及关键点坐标与详设最新版文件一致
	HSE章节描述符合业主及公司的规定
	程序中引用的文件、图纸的编号、名称和版本与实际最新版文件一致
	关键岗位分工描述合理
	坐标系统的通用性和一致性满足要求
	规范应用满足业主及公司的要求
船舶及设备	船舶资源选择合理
	作业船舶的作业条件限制与船舶规格一致
	舷吊能力满足起吊载荷要求
	浮袋浮力与计算报告一致
安装要求	吊点设置通过计算分析
	弃管、起吊、下放等程序描述和计算报告一致
	吊点固定方式根据海管类型选择

5.3.4 施工图

1）海底管道装船固定图

（1）根据施工海区的海况条件、铺管船的铺设效率以及运输管线的距离等因素确定运载船舶和装载数量，装船图中应明确标明相关信息。

（2）按照表5.10的内容对海底管道装船固定图进行质量验收。

表5.10　海底管道装船固定图的质量验收内容

验收项目	验收要求
装船布置	船舶尺寸与船舶实际尺寸相符
	装船数量及方式已通过船舶稳性和装船固定计算分析
	管垛间距合理
	特殊海管需要标记
	装船明细表包含海管规格、单根重量、运输海管总数量及总重量
	管垛明细表包含各层海管规格、数量及该垛海管总数量及总重量
	海管高度标注考虑管层支撑物
	边挡及钢丝绳与海管接触位置有保护措施
	边挡、吊点、垫木在甲板加强横梁上
固定选材	花篮螺丝、卡环与吊耳满足装配要求
	边挡支撑管材和板材选择合理
	垫木规格选择合理
焊接检验	焊肉高度与材料厚度匹配
	焊接形式、符号正确，焊接位置有足够空间供施工人员操作
	检验方式与焊接方式对应并满足规范的要求

2）海底管道安装锚位图

（1）对于使用锚泊系统定位的铺管船，需要绘制船舶在铺管过程中的每一个锚位，以便铺管船提前调整锚位，提高作业效率，规避风险。

（2）按照表5.11的内容对海底管道安装锚位图进行质量验收。

表5.11　海底管道安装锚位图的质量验收内容

验收项目	验收要求
锚泊	图纸中需标注水深
	图纸需要标注拟建管线规格及铺设张力
	图纸中需要标注关键点坐标，如平台坐标、起始、终止法兰点坐标等
	图纸需注释主作业船艏向、所有锚缆与正北方向夹角以及所有锚坐标
	图纸需注释跨越已有管线浮筒在锚缆固定位置
	如锚缆与水上结构物距离过近，图纸需标注锚缆与已存水上结构物之前的距离
	铺管船必须按照实际比例在图中绘制（包括托管架等关键尺寸）
	图纸需标示施工期间主风、主浪、主流方向以及正北方向
	图纸中平台和已完工设施坐标位置必须与其完工报告坐标位置核对，从而校核详设平台位置坐标
	图纸绘制完成后审核前必须传送给施工作业船征求总监及船长意见
安装要求	核对新建管线路由图附近已有海管、海缆及其是否被挖沟掩埋情况
	跨越已有管线使用的浮筒需要注释其尺寸及所能提供的有效浮力，悬链线计算锚缆与已有海管、海缆有足够安全距离
	如果海上结构物有组块，必须绘制组块及火炬臂，确保铺管船有足够的安全距离通过
	锚位置距离已有管线较近需标注其距离管线的垂直距离并且使其满足抛锚程序要求，有足够安全距离
	当起始或终止铺设过程中，距离已有设施较近且无法调整详设路由时，图纸中应清晰反映出船舶偏离设计路由的距离，以及细化这一过程的移船步骤

3）海底管道水面对接图

（1）海管水面对接图是对程序的详细展开，具体描述了对接过程中的设备、步骤、参数等细节，便于施工人员了解作业流程和注意事项。

（2）按照表5.12的内容对海底管道水面对接图进行质量验收。

表5.12　海底管道水面对接图的质量验收内容

验收项目	验收要求
起吊系统	核对舷吊、绞车、卡环、滑轮、吊带的规格能力需要满足设计的要求
	各个吊点和浮袋的位置、规格与计算一致
	船舶的吃水与实际一致
	船舷吊的布置根据计算报告中的要求布置
	舷吊系统在甲板上的布置与船舶设备发生干涉，是否需要做导向，是否经过船方的允许
安装要求	起吊顺序和步骤与计算一致
	下放顺序和步骤与计算一致
	下放的速度与设计要求一致
	拆除所有在海管上的施工材料
	对接点两侧的海管需要考虑了海管伸长量
	海管伸长量参考的是舷侧起管报告中的计算值
	海管吊点的绑扎形式为防滑形式
	船舶横移的方向正确
	对接小平台的位置和结构合理，不与船舶结构发生干涉，需要与船方沟通（如护栏、防潮水、防挤压梁等）
	选取吊点的位置以对接点为基准点
	下放后海管的路由在设计允许的范围内
	两侧预留的海管余量长度合适

4）海底管道起始锚、缆布置图

（1）海底管道常规起始铺设方式通常有两种，布设起始锚和连接导管架桩腿。起始锚法通常用于海底管道路由延长线没有障碍物的情况，连接导管架桩腿则是海底管道路由被导管架阻挡，需要借助导管架桩腿进行起始固定开展海管铺设工作。

（2）按照表5.13的内容对海底管道起始锚、缆布置图进行质量验收。

表5.13　海底管道起始锚、缆布置图的质量验收内容

验收项目	验收要求
起始缆	起始缆规格满足铺设张力的要求
	起始缆长度满足悬列线计算的要求
	起始缆长度满足拖轮滚筒容量的要求
	起始缆增加转环抵消起始缆受力产生的扭力
	起始锚规格合理，符合施工现场地质条件
锚头缆	锚头缆长度满足水深的要求
	锚头缆长度满足拖轮滚筒容量的要求
	锚头缆规格满足起锚张力的要求
	锚头缆浮筒规格选择合理
其他	卡环规格满足计算要求，与钢丝绳及封头匹配

5）海底管道起始铺设图

（1）铺管船通过已确定的起始铺设方式开展铺管作业，起始铺设步骤需要与铺管计算分析报告一致。

（2）按照表5.14的内容对海底管道起始铺设图进行质量验收。

表5.14　海底管道起始铺设图的质量验收内容

验收项目	验收要求
起始物料	起始缆长度选择合理
	起始锚规格选择合理
	起始锚点选择合理
	起始铺设索具选择合理
安装要求	已存水上水下设施与管线信息与实际一致
	起始铺设精度与详设最新版资料一致
	起始铺设路由与关键点坐标与详设资料最新版一致
安装要求	当起始锚点与已存设施距离较近或起始缆与已存管线、电缆等有交叉现象时，安全距离等关键参数需在图纸中详细标明并且要满足公司及业主要求
	当起始缆与已存管线、电缆等存在交叉时，如存在预处理，需要明确标明预处理的位置，并注明处理方式需参考最新版详设文件
	核实起始铺设步骤描述正确
	起始铺设方式选择合理
	如采用拴桩腿方式，桩腿需要打桩完毕，桩腿承载能力满足铺设张力要求

6）海底管道终止铺设图

（1）当海底管道铺设到终止铺设设计位置时，开始进行终止铺设作业，终止铺设步骤需要与铺管计算分析报告一致。

（2）按照表5.15的内容对海底管道终止铺设图进行质量验收。

表5.15　海底管道终止铺设图的质量验收内容

验收项目	验收要求
索具选择	终止铺设索具选择合理

（续表）

验收项目	验收要求
安装要求	终止铺设路由与关键点坐标与详设资料最新版一致
	已存水上、水下设施及管线信息与实际一致
	终止铺设精度及详设最新版资料一致
	终止铺设步骤描述正确

7）海底管道安装辅助工具设计图

（1）海底管道安装过程中，一般常用到的辅助工具为海管封头和法兰保护器，海管封头用于连接海管和钢缆完成起始、终止等作业，法兰保护器则是保护海管连接处的法兰安全，同时也便于海管法兰在铺设过程中顺利通过作业线滚轮。

（2）按照表5.16的内容对海管封头设计图进行质量验收。

表5.16 海管封头设计图的质量验收内容

验收项目	验收要求
加工要求	海管封头材料目录内容齐全
	注明所有焊道都需进行 MT 检验，关键焊道需增加 UT 检验
	注明海管封头设计工作载荷
	注明海管封头表面需涂敷防腐漆
	注明海管封头上所有开孔，均需在焊接完成后进行
	注明海管封头陆地试压所需压力和时间
设计要求	海管封头功能满足实际施工需求
	海管封头设计图纸信息齐全准确
	海管封头吊耳设计尺寸与相应卡环匹配
	如海管封头上部存在功能管线，功能管线材质规格选择合理
	如海管封头上部存在功能管线，功能管线设计合理
	如海管封头内部存在清管球，清管球尺寸为实际尺寸
	如海管封头内部存在清管球挡板，挡板设计尺寸合理
	海管封头上部功能管线开口位置合理
	海管封头设计有相关计算文件支持

（3）按照表5.17的内容对法兰保护设计图进行质量验收。

表5.17　法兰保护器设计图的质量验收内容

验收项目	验收要求
加工要求	法兰保护器材料表内容齐全，注明保护器总重量
	法兰保护器加工数量正确
	法兰保护器螺栓螺母规格选择合理
	法兰保护器卡子内部添加胶皮，厚度合理
	法兰保护器所用板材厚度合理
	法兰磅级及螺栓长度按照详细设计及实际情况制定
焊接检验	注明所有焊道都需进行MT检验
防腐保护	注明法兰保护器表面需涂敷防腐漆及颜色
安装要求	法兰保护器可以顺利通过托管架滚轮
	法兰保护器卡子尺寸与管径及封头相匹配
	法兰保护器与封头保护架或其他结构不能有干涉

5.3.5　计算报告

1）船舶稳性计算报告

（1）船舶在外力作用下偏离其平衡位置而倾斜，当外力消失后，能自行回到原来平衡位置的能力，称为船舶稳性。通过使用专业计算软件，对船舶稳性进行建模计算。

（2）按照表5.18的内容对船舶稳性计算报告进行质量验收。

表5.18　船舶稳性计算报告验收表

验收项目	验收要求
设计信息	设计文件满足规格书的要求，选用标准、规范正确
	项目名称、结构物名称、船舶名称统一、正确
	引用文件（规格书、规范、报告、图纸）的名称、编号统一、正确
	运输驳船信息描述正确
计算输入数据信息	船舶装载货物的重量、重心、受风面积准确，与装船图纸一致
	对于新船，数据文件中的空船重量、重心、进水点、型线、压载舱布置等数据正确
	船舶首吃水、横倾、纵倾合理
	完整稳性、总纵强度、破舱稳性等相关命令完整、正确
	压载舱水量布置合理、正确
计算分析	完整稳性结果满足规范要求（GMT >1.0 m、面积比 >1.4、稳性范围 > 36°或40°）
计算分析	破舱稳性结果满足规范的要求（GMT >1.0 m、面积比 >1.0）
	总纵强度计算结果UC值小于1.0，剪力值小于船舶允许剪力值
	稳性结算结果曲线正确
	附录中的稳性计算结果与计算结论一致

2）装船固定分析报告

（1）海底管道装载到运输驳船后，需要对海管进行绑扎固定，避免在运输过程中发生海管移位、滚落等情况。海管在驳船上一般采用加边挡的方式进行约束，并在管垛上绑扎数道钢丝绳进行固定。

（2）按照表5.19的内容对装船固定分析报告进行质量验收。

表5.19　装船固定分析报告的质量验收内容

验收项目	验收要求
设计信息	项目、结构物信息描述正确
	参考文件（规范、规格书、图纸等）描述正确
	固定筋板位置、数量、尺寸、材质及焊接形式等与装船固定图纸一致
计算分析	运动幅值和加速度等设计参数与结构运输分析报告一致
	选用的杆件内力正确、与运输分析结果一致
	选用的节点支反力正确、与运输分析结果一致
	斜撑整体校核输出结果正确

3）海底管道铺设分析报告

（1）在管道安装期间，对管道进行强度分析的目的是确定安装参数以避免管道遭受任何损伤。使用专业计算软件对海底管道安装过程进行模拟分析，得出一系列输出参数，用于指导海管施工。

（2）按照表5.20的内容对海底管道铺设分析报告进行质量验收。

表5.20　海底管道铺设分析报告的质量验收内容

验收项目	验收要求
设计信息	选取的标准规范与规格书一致
	海管参数与规格书一致
	环境参数与规格书一致
	计算报告中铺管设备参数描述正确，与计算分析模型一致

验收项目	验收要求
铺管分析	铺管分析涵盖了铺设全过程及不同规格、不同结构形式、不同作业水深的情况
	铺管工况分析满足工程项目要求（起始、正常、终止、临时弃管等），必要时应做铺管应急分析（湿式屈曲）、弧线段铺管分析校核等
	铺管张力和作业管径在张紧器能力范围内（最大应用张力应小于80%的额定张力）
	滚轮支反力在承载能力范围内
	托管架角度、滚轮高度在可调、合理范围内
	海管应力、应变和屈曲校核满足相关标准规范的要求
	混凝土配重层校核满足相关标准规范的要求（针对配重管）
	弧线段铺管分析校核满足相关标准规范的要求（针对弧线段海管铺设）
	尾滚轮与管道间隙在合理范围内，深水铺管时，建议控制在10~30 cm
	托管架浮力满足铺管要求（针对浮式托管架）
	对设计方案进行综合性审查，确保安装设计整体质量

4）锚泊分析报告

（1）对于使用锚泊定位的铺管船，其锚泊系统均有一定的工作载荷要求，为保证铺管船在工作以及应急状况下的安全，通过专业计算软件对铺管船的锚位进行计算分析，得出其安全作业工况。

（2）按照表5.21的内容对锚泊分析报告进行质量验收。

表5.21　锚泊分析的质量验收内容

验收项目	验收要求
设计信息	选取的标准规范与规格书一致
	分析工况全面（完整和破断）
	计算报告中船长、船宽、型深、吃水、横倾、纵倾的描述正确，与运行文件一致
	计算报告中锚缆参数正确并与运行文件一致
	数据文件中船舶重心、受风面积准确
	对于新船，数据文件中的空船重量、重心、型线、压载舱布置等数据正确

（续表）

验收项目	验收要求
锚泊分析	运行文件中船舶艏吃水、横倾、纵倾合理
	运行文件中系缆模型、锚缆属性定义正确
	运行文件中连接与约束的定义与锚泊布置图纸一致
	运行文件中锚缆的预张力合理
	运行文件中模拟了铺设张力（针对铺管工况下的锚泊分析）
	运行文件中环境参数的定义合理
	运行文件中锚泊分析类型完整（包括频域和时域分析）
	锚缆强度满足标准规范的要求：系泊动态分析时，完整工况下，安全系数 $U>1.67$，破断工况下，$U>1.25$（$U=$破断力/锚缆最大张力）
	当锚缆跨越管线时，锚缆和管线的距离满足规范的要求：完整工况下，最小垂直距离应为 10 m
	系泊分析结果中锚的上拔力在合理范围内
	船舶位移在安全范围内
	船舶运动（6个自由度）满足船舶自身作业条件
	对设计方案进行综合性审查，确保安装设计整体质量

5）立管、膨胀弯起吊分析报告

（1）立管、膨胀弯的整体形状和尺寸较为复杂，需要通过计算分析确定重心和吊点位置，计算起吊过程中的受力情况。

（2）按照表5.22的内容对立管、膨胀弯起吊分析报告进行质量验收。

表 5.22　立管、膨胀弯起吊分析报告的质量验收内容

验收项目	验收要求
设计信息	选取的标准规范与规格书一致
	海管、立管膨胀弯参数输入正确、完整
	环境参数输入正确、完整
	起吊设备及附属设备参数输入正确、合理（包括舷吊的数量及位置、浮袋参数等）
	舷吊能力能够满足施工的要求
计算分析	海管应力、应变和屈曲校核满足相关标准规范的要求
	海管、立管膨胀弯的管端参数合理，包括管端的位置及倾角
	对于立管整体安装方式，须重点审查：立管与膨胀弯及海底管道在连接点处的单独计算结果要吻合，即位移和转角要近似相等
	对设计方案进行综合性审查，确保安装设计整体质量

5.4　安装过程验收

5.4.1　简介

受作业环境的影响，海底管道安装具有高风险高成本的行业特色，既要能够管控风险又能保质保量地完成海底管道安装对项目的运行至关重要。行业本身的特色也对质量控制方面提出了更高的要求，因此把握质量关要求必须在整个海上安装过程中对作业质量进行全面严格的控制。

5.4.2　装船运输过程

（1）根据装船作业计划和已批准的装船图和相关计算报告，落实装船固定施工，流程包括驳船靠泊码头，驳船边挡固定，海底管道倒运装船，海底管道绑扎固定，第三方以及还是保险检验、整改、发证，航行至施工现场等。

（2）按照表 5.23 的内容对装船运输过程进行质量验收。

表5.23 装船运输过程的质量验收内容

验收项目		验收要求
海底管道装船	海事保险	海底管道装船前，承包商取得海事保险发放装船作业证书之后，方可进行装船作业
	装船设备	所有装船设备调试完好，证书在有效期内
	天气及海况	满足设计文件的要求
	焊接要求	满足焊接规范及规格书的要求
	装船材料	所有装船材料（索具、垫木、尼龙绳等）完好，证书在有效期内
海底管道运输	避风环境条件	满足避风要求的环境极限条件及运输船舶的作业能力
	驳船拖带设备检验	驳船的拖带设备规格（龙须链、拖力眼板、过桥缆等）要与设计匹配，并得到中国船检社颁发的适拖证书
	航行计划	海底管道运输作业前，自航驳或者拖带拖轮需制定航行计划，以便跟踪驳船航行动态，应对突发情况
	航行动态	航行中定时观察海底管道状态，并每日汇报航行动态

5.4.3 作业前期准备

（1）海底管道安装前，要对设计文件、各项设备物料证书、天气海况、路由等进行梳理落实，确保海管施工在合法合规的前提下安全进行。

（2）按照表5.24的内容，对施工准备进行质量验收。

表5.24 施工准备的质量验收内容

验收项目	验收要求
锚泊检查	抛锚作业跨管线锚缆的浮筒设计要考虑动态过程，初始就位状态及最终就位状态，浮筒设计要经过悬链线方程计算核实
	抛锚作业要始终与已存在海底设施保持规定的安全距离
海事保险	海事保险检查完毕，颁发证书

（续表）

验收项目	验收要求
作业工况	海底管道安装作业的极限环境要求符合所用施工船的作业能力
天气监测	建立风、浪、流、潮监测系统，确认表面流速、流向可接受
海床预处理	根据预调查报告对海底管道路由中影响海底管道安装的障碍物进行处理

5.4.4 海底管道铺设

（1）海底管道铺设是整个安装过程的主体工作，通过铺管船的作业线系统将海管铺设至指定路由。铺管船是高度集成化的海上工厂，通过数个工作站完成一系列的海管打磨坡口、组对、焊接、检验、防腐等工序，需要对这些工序进行严格检验验收，保证海底管道符合要求。

（2）按照表5.25的内容对海底管道铺设进行质量验收。

表5.25　海底管道铺设的质量验收内容

验收项目	验收要求
海底管道铺设	铺设张力在设计范围内，如果出现张力突变，则需要停止作业检查水下海底管道状态
	海底管道铺设精度控制满足规格书的要求
	海底管道铺设各项监控（包括屈曲监控、张力监控、托管架角度监控以及海底管道状态监控）措施符合规格书的要求
	各专业施工文件为业主批准版
	与作业区通讯畅通，近平台区域作业提前向业主报备，并符合作业区相关安全规定
焊接检验	焊接前外观检查，组对检查、炉号、管号的转移，坡口准备及管内清洁等
	焊接应按照业主批准并且第三方检验机构签字认证的WPS（焊接工艺程序）执行，并使用适合材质和规格覆盖范围内的WPS，不能超范围使用WPS
	海底管道焊接采用的无损检验方法为全自动超声波（AUT）检验、射线（RT）检验、超声波（UT）检验、磁粉（MT）检验，验收标准符合规格书及DNV-OS-F101和API 1104标准的最新版要求

5.4.5　海底管道登陆拖拉

（1）海底管道登陆工程的施工地域基本可以分为两大部分：陆地段和浅海段。综合陆地段和浅海段的场地、地质、环境等条件，大致可采取底拖法（见图5.12）、离底拖法、浮拖法、浮游法、定向钻穿越施工方法实施海底管道的登陆作业。施工的过程大致均为在预制的管道上绑扎浮筒使其浮在水中，再通过船舶、绞车等工具将这段管道拖航到设计路由，最后将管道放到海底。

图5.12　底拖法登陆施工

（2）按照表5.26的内容对海底管道登陆拖拉进行质量验收。

表5.26　海底管道登陆拖拉的质量验收内容

验收项目	验收要求
登陆拖拉施工准备	拖拉场地的准备工作满足施工需要，需要进行场地平整、拖拉绞车基础和地锚的预制和埋设、拖拉绞车的安装以及海底管道预制接长等
	登陆拖拉路由处理、预挖沟、礁岩爆破、清淤回填等
	施工前应确定浮筒规格以及浮筒绑扎方法，确保登陆拖拉期间浮筒不会脱离管道

（续表）

验收项目	验收要求
海管登陆拖拉	拖拉缆正确安装至拖拉绞车和滚筒
	拖拉封头应有足够浮力防止海管拖拉过程中入泥
	按照设计的拖拉力施工，并监测拖拉力变化

5.4.6　海底管道水面对接

（1）海管水面对接施工（见图5.13）时海管轴向约束不足，海管相对不够稳定，需要精确快速施工，保证海管安全。

图5.13　对接施工

（2）按照表5.27的内容对海底管道水面对接进行质量验收。

表5.27　海底管道水面对接质量验收内容

验收项目	验收要求
对接准备	舷吊系统在甲板上的布置与设计一致
	核实浮袋规格及设计高度，防止作业时浮袋出水
	精确定位海底管道弃管点位置

验收项目	验收要求
海管水面对接	作业潮水窗口选择合理
	起吊、下放步骤与计算报告一致
	海管下放至海床后位于设计路由，满足精度要求且无悬跨产生

5.4.7 立管膨胀弯安装

（1）立管膨胀弯受导管架安装（见图5.14）以及海管铺设精度影响，需要施工前再次对法兰端数据进行测量，绘制预制图纸、起吊配扣图等。

图5.14 立管膨胀弯安装

（2）按照表5.28的内容对立管膨胀弯安装进行质量验收。

表5.28 立管膨胀弯安装的质量验收内容

验收项目	验收要求
施工准备	施工用海底管道、法兰、垫圈、弯管、立管卡子等与设计一致
测量、预制	根据法兰间测量数据绘制立管、膨胀弯预制图纸，尺寸满足规格书的要求
试压	预制完成后要进行通过清管试压检验

（续表）

验收项目	验收要求
配扣	管道吊装根据起吊分析配扣调平
安装对接	法兰对接要符合程序规定，法兰加力要达到设计要求间距，并安装法兰保护器予以保护
安装后调查	安装完成后潜水员要水下检查法兰及水泥压块保护情况
	检查立管法兰与导管架夹角与设计一致
	调查海床现状并复测海底管道管端位置
	水下施工过程全程录像

5.4.8 挖沟

（1）海管施工一般采用后挖沟方法进行埋设，后挖沟可选用的设备有喷射式挖沟机、铰吸式挖沟机、土壤液化法埋设机、开沟犁以及水下机械开沟机（见图5.15）。挖沟作业效率与挖沟机的种类、土壤条件、要求和挖沟深度以及管线在水中的总量关系很大。

图5.15 挖沟机施工

（2）按照表5.29的内容对挖沟进行质量验收。

表5.29　挖沟的质量验收内容

验收项目	验收要求
挖沟机就位	挖沟机在声呐、潜水员或ROV等辅助下就位，并不对海底管道造成损害
挖沟施工	挖沟沟形、宽度和深度符合设计要求，并通过声呐监测、潜水员或ROV定时下水检查等手段确认管沟状态
	通过拉力传感器、声呐系统监控挖沟作业，避免挖沟机对管线造成损伤
挖沟施工	控制挖沟速度，保证挖沟效果满足规格书的要求，一次挖沟不能达到要求的，应重复挖沟以满足规格书要求的深度
	拖拉缆通过悬链线计算满足施工的要求
其他	若由于土质原因无法满足沟深要求，需要提前向业主说明并得到降低埋深的批准，方可停止挖沟作业

5.4.9　悬跨处理

（1）海管安装完成后，经过调查可能存在悬跨，若超出规格书允许侧悬跨距离，则需要对悬跨进行处理，保证海管运行安全。一般通过挖沟机吹扫、抛石、水泥压块（见图5.16）、沙袋以及安装钢结构支撑等方式处理悬跨。

图5.16　安装水泥压块

（2）按照表5.30的内容对悬跨处理进行质量验收。

表5.30　悬跨处理的质量验收内容

验收项目	验收要求
钢支架悬跨处理	钢结构支撑的加工设计、预制以及安装精度满足详细设计和规格书的要求，并要求控制海底管道铺设精度以准确通过支撑
压块悬跨处理	水泥压块或沙袋安装摆放的位置、数量等满足规格书的要求
安装要求	挖沟处理悬跨时，着重控制消除跨肩作业的精确性以满足规格书的要求
	悬跨处理后满足规格书最小悬跨距离的要求
	悬跨处理方式要满足海管设计寿命内不失效

5.4.10　预调试

（1）预调试工作一般包括清管、试压，输气管道一般还要求做排水、干燥、惰化工作，预调试是海底管道质量验收的关键依据，需要严格按照相关规范和规格书的要求进行。

（2）按照表5.31的内容对预调试进行质量验收。

表5.31　预调的试质量验收内容

验收项目	验收要求
施工环境	施工区域供水、供电满足设备要求，场所搭设的脚手架、安全网符合作业区安全规定
清管	清管球、测量球（测量板）规格、发射顺序及发射数量符合设计的要求
	通球间距和速度符合设计的要求
	添加的化学药剂符合排海环保的要求
	通球后形态完整，测量板外观、齿数、齿深等细节需要标记拍照，并得到业主和第三方认可
	通球后检查清理出的杂物，并据此判断是否需要重复通球，直至接收端无大量异物

验收项目	验收要求
试压	试压作业满足规格书的要求，升压、稳压、泄压的速率及时间符合设计及规格书的要求
	试压盲板或盲法兰符合压力的要求
	系统压力变化在试压压力 ±0.2% 范围内且经检查没有发现漏点时，稳压结果可以接受。当发生额外的 ±0.2% 压力变化（总计 ±0.4%）且可以由温差或其他原因解释说明时，稳压结果也可以接受
	残余气体计算不超过海管容量的0.2%
排水	最后一个干空气段塞排除的水量小于1 m海管容积
	排水验收时取样含盐量满足规格书的要求，一般为小于10%
干燥	从管道一端注入管道，停机12 h后，出口端每隔0.5 h检测1次的水露点，连续3次低于设计要求露点值为干燥合格
	干燥剂含水量（最后1段）含水量低于设计要求
	管内压力下降到工程可接收的所含水的饱和蒸气压，如24 h吸入性测试后管内压力无上升变化
惰化	注氮温度不低于5℃，检测放空阀含氧量低于2% 为合格
	排出氮气含氧量测量值连续4次低于2%时（取样周期15 min），氮气压力不低于0.02 MPa

5.4.11　后调查

海底管道安装完成后，应根据技术规格书的要求对海底管道调查区域进行浅地层剖面测量、旁侧声呐扫描，以准确探测海底管道路由在位信息，并确认海底管道达到规定要求的沟深，且不存在悬空状况，必要时采用潜水或ROV进行详细调查。

5.5 安装完工验收

5.5.1 完工检验

海底管道在施工过程中，需要进行一系列的完工检验和相应完工报告的签署，从而阶段性地验收及确认海底管道的完工状态。

5.5.2 完工文件

1）海底管道路由定位报告

具有相应资质证书的定位承包商才能承担海底管道路由定位任务，海底管道路由定位应包括以下内容。

（1）根据业主和技术规格书的要求，由具有相关资质的人员编制海底管道定位和导航操作程序。

（2）现场操作必须由具有相应资质的定位工程师和大地测量工程师操作。

（3）海底管道安装最终定位报告的内容要求描述海底管道路由设计要求的坐标和方位；海底管道安装最终定位结果的坐标和方位；海底管道安装最终定位结果满足设计要求的结论。

（4）海底管道安装过程中锚位操作日志需要详细记录并留存。

2）海底管道焊接检验报告

海底管道在安装过程中需要进行焊接和检验，通常是由有相应资格的公司和持有相应资质证书的人员进行焊接和检验，承包商根据合同及合同附件的要求编制焊接和检验程序，待业主和第三方批准后执行。

焊接和检验报告应满足合同及合同附件的要求，检验报告的内容通常有外观检验报告、超声波探伤检验报告、磁粉检验报告、射线检验报告等。检验报告的格式都有各自的标准格式，报告的内容通常有项目名称，检验类型，材质，检验部位，采用标准，检验结果的报告及结论，检验员签字，承包商、业主、第三方共同签字确认和满足业主和技术规格书的其他检验要求。

3）海底管道预调试报告

海底管道安装完成后，需要对管道进行清管测径、试压工作，输气管道一般还要做排水、干燥以及惰化等工作，以保证海底管道运行安全。承包商应根据规格书要求编制相应预调试程序，待业主和第三方批准后执行。作业完成后出具相应调试报告，报告内容通常包括项目名称，预调试类型，管道和耗材参数，作业起止位置，作业管道长度和体积，标高，施工数据记录，施工照片，承包商、业主，第三方共同签字确认以及满足业主和技术规格书的其他检验要求。

4）业主确认的完工报告

承包商应按照合同和技术规格书的要求进行海底管道安装，在完成海底管道铺设、立管膨胀弯安装、挖沟以及预调试等一系列工作后，应向业主提供完工报告待业主确认，完工报告内容包括业主名称，承包商名称，工程名称，合同号，完工报告的描述，业主承包商双方签字确认及业主在完工报告中的其他要求。

在海底管道完工确认中，在合同要求范围内的工作内容如有遗留，业主列出双方认可的具体遗留内容，承包商应该做出相应的承诺。

工程案例

6.1 海底管道设计案例

6.1.1 简介

海底管道是油气运输中最快捷、经济、可靠的方式。项目过程中，通过编制案例，对经验教训进行分析总结，避免重复性错误的出现，同时对成功经验加以推广，以提高海底管道工程建设的质量和效率。

本部分选取海底管道设计阶段的几个案例，从海底管道设计对采办和施工的影响、通过设计解决施工实际问题、专业间未有效沟通引起的问题等方面对海底管道设计过程中的经验教训进行总结。

6.1.2 海底管道保温层失效案例

1）过程介绍和记录

某项目发现两平台之间的海底管道的原油温降出现了快速加大的现象，为了安全起见该平台开始停产。海管置换后从某平台向海底管道注入生产水，然后从该平台排出，观察温降梯度，注入98℃热水后在7 h内出口温度维持在40℃左右，温降比较大。同时，现场进行ROV检测，在某天晚到达某平台开始检测，在距离法兰点KP0处133~137 m发现双层海管的外管出现约4 m长的破裂，破裂的起点为KP0.137处的焊口，终点为KP0.133处，外管的断口平整，有松散的热缩带，有约4 m长的保温层和部分内管裸露，如图6.1所示。

通过对项目生产操作的了解及事件录像观看，初步判断可能是由于内外管温度差造成内外管热胀冷缩差引起的温度应力造成的。建议继续进行取样、整理当

（a）KP0.137　　　　　　　　　　　　（b）KP0.133

图6.1　保温层失效

时的焊接工艺及无损检验记录，请独立第三方进行评估。由于内外管的热缩差可能会导致"阻水帽（waterstop）"密封性减弱，另外温降如此大，海管发生透水的可能性很大。技术人员进行现场计算分析给出结论——海管基本全部透水。

2）原因分析

该项目海底管道为双层保温管，内管为输送管，外管保护保温层防止进水，内外管之间有聚氨酯泡沫保温层。按以往项目的经验，除在海管两端设置锚固件外，并且在海管中间每隔1~2 km设一个锚固件连接内外管，该结构形式在渤海多个项目的双层管设计中采用，并取得多年的成功经验。在设计时，考虑到该项目水深较深（146 m），输送介质需要保温，并根据海管工艺核算的正常输送保温失效长度，确定间隔48 m设置阻水隔离，避免有一段海管外管破损进水影响到整段海管保温失效。但采用传统的锚固件设计思路，若有一处外管破损进水，将有1~2 km的海管保温层进水失效，无法正常输送，只能投产更换这段海管，但该海域水深较深，维修难度非常大。如果按照间隔48 m来设置锚固件，将减慢海上焊接速度（每个锚固件焊接约4 h），大大增加海上施工时间和费用。基于此，设计时建议只在海管两端设锚固件，采用waterstop代替中间的锚固件，每5根管设置一个waterstop，在铺管船上安装。该waterstop是国外公司的产品，能够承受2.5 MPa的外压和140 ℃的温度。

针对出现的情况和海管原设计情况，海管近些年运行情况，海管破损后的ROV调查资料等细节，进行原因具体分析。

（1）从现场调查来看，没有任何证据表明，该管道破损是由相关的落物事

图6.2　外管断裂

件、外部腐蚀、拖网、自由悬跨等因素造成的。

（2）外管断裂发起在焊接区。最有可能的，有焊接缺陷。油田在台风前后对海管进行关闭和重启操作，海管经历热循环载荷，引起缺陷的扩展，导致最后焊接处在轴向力作用下发生断裂（见图6.2）。

（3）虽然在设计时对温度载荷进行了分析校核，并满足规范的要求。但如果有更多的锚固件被设计在平管中间，可有效地分配对套管的轴向载荷，降低外管的张力。

（4）在采用waterstop方案时。waterstop能承受外部的静水压力，但外管断裂后，内外管发生了比较大的错移，造成大多数的waterstop失效，导致保温层进水，失去保温功能。

3）纠正、解决措施

（1）在完成测漏试压后，对该海底管道临时复产，为防止凝管，采用掺热水输送。

（2）新设计安装一条海底管道替代原海底管道，实现永久复产。

4）经验教训

通过此次原因分析研究，总结得出以下经验。

（1）在双层保温管道设计中，应在管道中间考虑设计锚固件以分配外管所受的载荷。建议在今后设计中针对不同项目特点，对比分析经济性和安全性，选择设计锚固件数量。

（2）对waterstop这一新技术的认识不充分，其适用性需要更充分的论证，虽然在外管进水情况下可起到阻水作用，但在内外管发生错动的情况下无法保证其密封性。

（3）充分考虑反复关停和启动产生的循环载荷，在设计中考虑其受力、疲劳分析方面的影响。

（4）加强外管焊接、检验的技术规格书的要求，建议所有的焊接、检验都有记录可查。

（5）建议在海底管道运营期间，定期对海底管道进行通球清管，定期巡线检测，以便及时发现风险。

6.1.3 输气管道—三通与阀门连法兰设计案例

本案例主要对输气管道的水下阀门的连接法兰设计进行总结。

1）过程介绍

（1）设计方案划分。

某项目海管设计包括一条输气管道，需要用到水下阀门，阀门与两侧管道用法兰连接（见图6.3）。

（2）工作界面划分。

水下部门负责水下阀门及两侧法兰的设计，海管部门负责与阀门上法兰配对的两片法兰设计（包括整套法兰的螺栓、垫片等）。

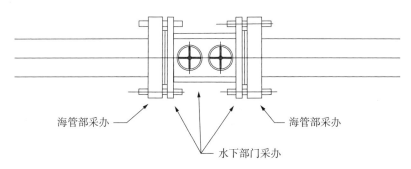

图6.3　水下阀门及两侧法兰的界面

（3）设计过程产生的问题。

由于一套连接法兰分成两个部分由两个专业分别进行设计，水下专业在设计过程中，阀体和法兰按现行标准堆焊了合金625。

海管专业在设计过程中并没有考虑堆焊要求，而且垫圈按照常规要求选用软铁，由于阀门附带的法兰堆焊合金625，软铁与该法兰接触会发生缝隙腐蚀，需要选用与合金625相当的材质做垫圈。因此，到货的法兰需要返厂二次加工，另外垫圈需要重新采办。

2）经验分享与建议

对于该处旋转法兰设计产生的问题，总结如下。在界面划分建议上，对于类似的界面划分，建议整套法兰全部由一个专业完成设计，一方面减少了设计的交叉，另一方面只需要一个专业编制一本统一的技术要求规格书与设计料单，从而最大程度地避免问题的产生。

6.1.4　海底管道涂层摩擦力案例

1）情况介绍

海底管道在铺设过程中，当水深较深时，管道重量较大，铺管船的张紧器与管道容易产生滑移，根据某铺管船反馈，对6 in管道的3PE（聚乙烯）涂层，当拉力超过50 t时会产生滑移。

2）原因分析

在深水情况下，铺设时管道自重较大，管道涂层表面较光滑，与张紧器之间的摩擦力不能满足管道重量的要求，导致滑移。

3）解决措施

在某海底管道设计项目中，考虑到水深较深，且管径较小，海管与张紧器的接触面积小，需要更大的摩擦系数，设计中对管道的3层PE（聚乙烯）和3层PP（聚丙烯）涂层进行了防滑处理，即在管道涂敷过程中喷洒PE和PP颗粒，防滑颗粒直径约为0.5 mm，颗粒与涂层热熔为一体，使涂层形成粗糙表面，增加摩擦系数。

4）取得成效

通过对3层PE和3层PP涂层外表面喷洒颗粒的管道在铺管船上进行试验测试，管道与张紧器不产生滑移，能够满足深水的铺管要求。

5）经验教训

海洋油气田向深水发展每前进一步都可能遇到新的问题，当水深等环境发生变化时应进行全面风险评估，并制定预防措施。

6.1.5　海底管道牺牲阳极脱落案例

1）情况介绍

某项目根据安装现场反馈，在深水情况下，无配重管道铺设时，手镯式阳极与托管架滚轮发生碰撞，容易损坏阳极导致脱落。

2）原因分析

阳极材料硬度不高，强度低，托管架滚轮对阳极产生的作用力对阳极产生破坏。

3）解决措施

将海底管道上手镯式阳极的两片半瓦分开，都安装在管道上部，避免阳极与托管架碰撞。

4）取得成效

通过将阳极都安装在管道上部（见图6.4），避免阳极与托管架碰撞，能够满足深水的铺管要求和海底管道的阴极保护要求。

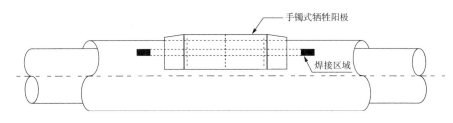

图6.4 牺牲阳极安装

5）经验教训

在项目运行过程中可能会遇到各种新的问题，当水深等环境发生变化时应进行全面风险评估，并制订相应的预防和解决措施。同时应加强与现场工程师的交流沟通，对设计成果的可实施性进行全面的判断和掌握。

6.2 海底管道建造案例

6.2.1 简介

海底管道建造过程中的案例较多，既有经验教训的案例，也有创新的案例，这为后续项目提供了一定的借鉴作用。

6.2.2 经验教训案例

1）海底管道自动焊专项提升案例

（1）事件背景。

随着石油工业的发展，采用管道输送石油、天然气的方式成为首选方案，但我国目前的海底管道焊接技术自动化水平仍然滞后，致使海底管道铺设效率不能满足我国当今及未来深水海洋石油发展战略。为提高海底管道铺设焊接技术的自动化水平，采用了全自动熔化极气体保护罩（gas metal arc welding，GMAW）焊接工艺开发研究出一套适用于海底管道铺设，提高节点焊接效率的先进技术方法。

全自动焊技术在海管铺设中应用日益广泛，引进先进设备的同时，其焊接核心技术一直保密，依赖厂商的焊接技术支持。在某项目中克服了施工经验少、可借鉴技术资料不多等一系列问题，公司首次自主开发了全自动焊工艺，在自动焊工艺领域首先取得突破。之后在多个项目中都成功采用了此项工艺，保证了各海管铺设的质量和效率，同时提升了自主开发全自动焊工艺的能力，减少和摆脱了对设备厂商的焊接技术依赖，为今后海管项目的焊接施工提供了技术储备，向"深水"亮剑提供了坚实的基础。

（2）事件发生发展过程。

某项目30 in、56 km海管的海上施工顺利完成，焊接工程师提供随船全自动焊焊接技术支持，确保了项目的顺利施工；焊评试验及焊工考试工作在场地紧张、有序地进行，焊接技术文件顺利通过审批，具备焊接施工技术条件；海管规格书专家审查会顺利举行，公司承揽碳钢海管和耐蚀合金复合海管焊接规格书的编制工作，得到了与会专家的一致认可。

（3）原因分析。

① 全自动焊工艺开发。为了提升焊接效率和质量，积极引进、吸收和自主开发海管全自动焊技术。经过南海、东海等海管项目施工，已经初步掌握了海管全自动焊技术，成功开发出几种尺寸规格的全自动焊工艺，如表6.1所示，为后续海管项目提供了宝贵的经验和参考借鉴。

表6.1　常见尺寸规格的全自动焊工艺

序号	管径 /mm	壁厚 /mm	材质
1	762	28.6 /30.2	X65
2	168	12.7/15.9	DNV450
3	323.9	12.7/14.3	X65
4	558	12.7	X65
5	355	14.3	X65

② 推动全自动焊技术应用。全自动焊铺设效率相比传统工艺对比如表6.2
所示，可见全自动焊效率是半自动工艺效率的2.4倍，是手工电弧焊工艺效率的
5倍（某项目全自动焊效率受辅线手把焊预制影响）。全自动焊的应用使海管铺
设效率得到显著提升，海管全自动焊技术的开发和掌握也是进军国际一流海洋工
程公司的重要标志之一。

表6.2 全自动焊铺设效率与传统工艺对比表

序号	海管规格 OD /（mm）× WT /（mm）	焊接工艺	平均铺设 / （根 / 天）	最高铺设 / （根 / 天）
1	323 × 12.7	AUTO GMAW	220	239
		FCAW–S	90	110
2	762 × 28.6 / 30.2	AUTO GMAW	80	111
		SMAW	15	17
3	168.3 × 12.7 / 15.9	主：AUTO GMAW	78	78
		辅：SMAW	46	51

图6.5为目前我国最大管径、最大壁厚海管项目——30 in海管施工现场。
图6.6所示为深水海管项目6 in海管施工现场。

图6.5 海管现场焊接

图6.6 海管现场焊接

③ 开展ECA评估，合理降低焊缝返修率。工程临界评估（engineering critical assessment, ECA），是以断裂力学为基础，综合评估在特定的应力状态下，缺陷对结构完整性的影响。此评估体现了"合于使用（fitness for purpose）"的原则，在保证结构安全性的前提下综合考虑经济性，评估完成后可以为海底管线AUT检验提供更为完整、准确的验收标准。当该接受标准对焊接缺陷的要求比常规标准低时，就可以提高焊缝的合格率，减少焊接返修消耗的时间，进而提高铺管效率。按照ECA评估后的标准验收，合格率为95.5%，如果未应用ECA评估而只按照DNV标准评判，合格率仅为75.3%，ECA评估使我们的施工焊缝合格率提高了20.2%，返修率降低的同时提高了施工效率。

④ 建造场地建立全自动焊培训基地。全自动焊是一种新型高效的焊接技术，焊接设备精密复杂，焊接操作要求高。因此为了实现全自动焊的应用，应该培养专门的焊接工程师、焊接技师、电仪/机械维修工程师、自动焊操作工等。只有配备专业的施工队伍，才能发挥自动焊的优势。现场施工过程中，焊工熟练操作设备；维修工程师及时排除故障；焊接工程师实时调节参数，只有做到熟练和专业，才能保障焊接质量和效率，最终实现高效的海管铺设。为建立专门海管自动焊试验专区，配置专业的自动焊设备，承担自动焊的工艺开发和培训工作奠定了场地、硬件基础。

（4）总结与建议。

① 加大自主开发全自动焊工艺的力度。由于全自动焊工艺具有较高的专一性，不同规格的海管需要设置不同的焊接参数及焊接配件，为了全面掌握自动焊技术，使之适应更多项目，我们需要开发和储备多种规格海管的自动焊工艺，积累大量实验数据，以便更加合理、高效地设置焊接程序和参数；在吸收、借鉴设备厂商先进经验的基础上，加大自主开发全自动焊工艺的力度，逐渐减少或摆脱对外方技术支持的依赖，这也是今后我们努力的方向。

② 海管焊接文件标准化升级。深水海管项目要求的技术文件全面、涉及内容详细，质量控制严格。文件必须完全满足规格书及标准的要求后才能批复，所有技术文件全英文书写，格式等文控要求严格；通过该项目我们发现现有的焊接标准化文件、国际化与国外公司比较有一定的差距，需要进一步完善标准化文件，形成了自己的焊接技术文件体系，使海管铺设焊接技术领域与国际接轨。

③ 高强度级别的海管自动焊工艺。目前掌握的自动焊工艺都是针对X65级别强度的海管，随着深水业务的逐渐发展，X70、X80等高强度级别的海管将逐

渐增多。强度级别增加，焊接的难度也随之增加，因此开发高强度级别的海管自动焊工艺取代传统的手工焊工艺也是下一步将要进行的重点工作。

目前，全自动焊技术已成为国际上海管施工的主要焊接技术手段，随着海洋工程向深水领域的发展，深水海底管道对海上施工效率及质量的要求更加严格，加大海管全自动焊技术的开发、推广和应用必将成为我们今后努力发展的方向。

2）耐蚀合金复合海底管道自动焊技术开发案例

（1）事件背景。

依托某复合海管项目，在半自动TIP TIG焊接工艺基础上，与TIP TIG焊接设备厂家紧密合作，经过近1年的努力，通过提高对管端堆焊及机加工质量及精度要求，解决复合海管焊接内外层分离的问题，保证了组对精度和错边量，从而保证焊接质量；通过窄间隙坡口设计，减少了焊接填充量，提高了焊接效率；通过调整焊机机头角度、弧长跟踪灵敏度以及焊接工艺参数，解决了窄坡口根部熔透及侧壁熔合等技术难题；通过焊接工艺评定试验，验证了焊接接头性能能够满足DNV-OS-F101（2005）及项目焊接规格书的要求。复合海管全自动TIP TIG焊接工艺的成功开发，获得了第三方DNV的认可，打破了国外公司对于复合海管全自动焊接技术的垄断与封锁。

（2）事件发生发展过程。

针对某项目是否采用复合管问题进行交流，并成功开发出复合管焊接工艺，为某项目的海管选材提供了重要依据。

开发了耐蚀合金内衬管TIP TIG半自动焊接工艺，并在某项目成功应用，焊接一次合格率达到98.5%，效率为传统工艺的2倍以上，实现了国内首条复合管的成功铺设。

依托某复合海管项目，历经一年的努力，打破了国外公司对于复合海管全自动焊接技术的垄断与封锁，成功开发复合海管全自动焊接工艺。

某子母复合管是第2条采用全自动TIP TIG焊接工艺铺设的复合管项目。成功开发8 in复合管全自动焊焊接工艺和2 in氩弧焊接工艺，并最终应用于海上施工的铺设，取得了不错的成绩。

（3）原因分析。

① 解决管端处理技术难题：通过管口堆焊和管口机加工，最大限度地保证了管口几何尺寸的互换性，克服了复合管椭圆度和偏心对将来精确组对影响，大幅度提高了管口焊接坡口的组对精度，为高质量自动焊接创造了良好的工艺

条件。要求复合管生产厂家对管端90 mm内进行堆焊处理，使复合管端部形成冶金结合，解决焊接时由于内外层热膨胀系数不同而造成的剥离问题；同时为内对口器涨脚提供支撑，避免组对时涨脚划伤不锈钢衬层。要求复合管生产厂家对堆焊层进行机加工，并保证所有复合海管管端90 mm堆焊层的内径公差小于 ±0.3 mm，内圆椭圆度不大于0.5%（6 in）或0.3%（10 in），能够保证海上施工时的组对精度和错边量，从而保证焊接质量；

② 焊接设备改造：焊接机头原有设计焊枪角度轴向与焊道垂直，在焊接过程中已造成根部未焊透及侧壁未熔合，在工艺开发过程中，通过摸索，将焊枪设定一定的倾角，如图6.7所示。

调整焊枪环向角度10°，这样在立焊及仰焊位置，电弧可以有效地直吹熔池，增加其渗透性，避免根部未焊透；改变焊枪角度后，根部未出现过未焊透。

在排焊时候，调整焊枪轴向倾角（见图6.8），使熔池有效渗透至焊缝与侧壁的夹角内，减少侧壁未熔合的发生；

③ 坡口优化设计：根据自动焊接设备的能力，首次设计并采用6°窄间隙坡口，与半自动焊接工艺8°坡口相比，焊材填充量减少10%，提高焊接效率；

④ 焊接工艺开发：通过焊接设备改造，焊材选择，对口器选择及焊接工艺参数调整及优化，独立创新，首次成功开发出6 in和10 in复合海管全自动焊接工艺。复合海管全自动TIP TIG焊接工艺的成功开发，获得了第三方DNV的认可，打破了国外公司对于复合海管全自动焊接技术的垄断与封锁。

⑤ 全自动焊机操作规范：全自动TIP TIG焊接设备及焊接工艺作为新设备、

图6.7　焊枪环向倾角10°

图6.8　排焊时，焊枪左右倾角12°

新工艺，对于焊工操作存在一定的难度。为了更好地规范焊工操作，提高焊接质量及效率，结合焊接工艺开发及焊工培训过程经验教训，总结编制全自动TIP TIG焊接操作规范挂图，对焊工的每一动作、细节加以规定，减少焊工操作对焊接质量的影响，提高焊接效率。

（4）总结与建议。

全自动TIP TIG成功开发并应用于某项目中，在保证焊接质量的前提下，取得了6 in复合管日铺设约2 km和10 in复合管日铺设效率约1.5 km的骄人成绩，此效率比其他项目半自动焊接效率提高1倍，刷新了复合海管铺设的效率纪录。

某项目焊接质量8 in复合管一次合格率为97.7%，比某项目时提高了约1.5%；2 in子管一次合格率98.26%；焊接效率日均铺设子母复合管45根双节点（约1.09 km），最高铺设60根双节点（约1.46 km）。

全自动TIP TIG工艺的成功开发，使得铺设双金属复合海管技术达到了国际领先水平，彻底打破国外公司技术封锁与垄断。

3）海底管道半自动气保护焊新工艺推广应用

（1）事件背景。

目前国内外海底管线的半自动焊接工艺多数使用自保护药芯焊接工艺，但自保护药芯焊丝在技术上具有一定的局限性，在拉伸性能、低温冲击性能、扩散氢含量上提高的空间有限。近年来随着对海管设计要求的不断提高，以及相关标准升级带来的技术指标提升，自保护药芯焊丝在抗拉强度、低温韧性、扩散氢含量等技术指标上越来越难满足技术要求的提升。经调研分析，气保护药芯焊的各项技术指标可达到新技术要求，通过开发X65海管的气保护药芯焊工艺，逐步研究代替自保护药芯焊，使焊接接头性能指标适合今后的新技术指标要求，提高海管半自动焊接质量。

（2）事件发生发展过程。

依托于某海管项目，成功开发了一套海管焊接的二氧化碳气保护焊焊接工艺，形成了一套完整的PQR文件和WPS文件，并获得了第三方的认证，为某海管项目6 in小管径海管提供了高效的陆地预制焊接工艺。

某海底管线项目2条管线，总长约3.2 km，首次采用表面张力溶滴过渡（surface tension transfer, STT）+半自动气体保护焊工艺海上铺设获得了圆满成功。

同年，某海底管线项目共2种规格，总长约3.4 km。海管较大的管径和壁厚对焊工操作带了较大的困难，但更重要的是硫化物应力腐蚀开裂（sulfide stress corrosion cracking，SSC）腐蚀的高要求，对于STT+半自动气体保护焊新工艺来说挑战很大。

（3）原因分析。

① 焊接质量好。气体保护焊工艺所形成的晶粒更为细小、致密，具有更好的断裂韧性及抗腐蚀性能。

② 焊接效率高。气体保护焊电弧的穿透力强、熔深大，单位时间内熔化焊丝速度比自保护快，熔覆效率高。

③ 随着海管焊接标准的升级，DNV–OS–F101（2013）中提出：建议使用气体保护焊工艺代替自保护焊接工艺。国外先进的铺管船公司已经开始使用气体保护工艺用于平管的焊接及返修，气体保护工艺能够满足钢材强度级别日益增长、韧性增高的需求。气体保护半自动焊是今后海管半自动焊接发展的新方向之一。

④ 焊工培训。针对海管管径大壁厚大的特点，邀请技能专家对焊工培训及海上模拟焊接进行专程指导，最终焊工取证合格率达到100%，为海管项目顺利施工打下良好基础。

（4）总结与建议。

二氧化碳气体保护焊接工艺成功应用于某海管项目6 in管的陆地预制工作，整个陆地预制工作比原计划提前7天完工，一次性焊接合格率达到99.7%，完美实现了项目进度、质量管理目标。由于比原计划采用手工电弧焊提前7天完工，使得陆地预制工作提前完工，最终使得铺管船提前2天进入项目开始海上铺设工作，避免了2个船天的待机工作，间接节省了2个船天的费用。在某项目海管铺设中，焊接质量一次合格率达到99%，项目工期提前6天，优质高效的完成了海管铺设任务。某海管项目铺设中，24 in管线施工时由于管线直径壁厚大，单口焊接时间长，打磨工作量大，对焊工操作和工艺参数控制提出了极高的要求。针对此问题，焊接工程师与焊工积极沟通、探讨，并进行针对性缺陷分析，提高焊接合格率。最终经过10多天的奋斗，施工团队克服严苛的天气因素，顺利完成2条管线，并且焊接一次合格率达到98.1%，优质高效地完成了海管铺设任务。

4）海底管道埋弧内焊技术开发与应用

（1）事件背景。

海底管道的焊接作业是海管海上铺设的关键技术之一，往往成为海管铺设效率的制约环节。目前主要推广应用高效自动化焊接，在分析某铺管船辅线预制焊接效率制约因素的基础上，针对大管径海管埋弧预制，着重进行了埋弧内焊封底+埋弧外焊工艺开发与优化。"海管埋弧内焊技术"适用于18 in及以上管径海底管线焊接接长，与埋弧外焊结合形成一套完整的全自动焊接方案，焊接效率高、接头性能优异，双面大钝边设计的坡口形式显著节约焊材，对焊接效率提升有突出的贡献。该技术主要用于海底管线铺设时辅线预制过程，能有效保障辅线预制效率与主线铺设效率的匹配，节省海上工时，节约焊材及相应费用。

（2）事件发生发展过程。

① 完成了适用于API5L X65级别海管埋弧焊接的焊丝、焊剂选型，在达到了与母材性能的高匹配同时，具有良好的脱渣性。

② 完成了适用于18 in及以上直径海管埋弧内焊+埋弧外焊的双面坡口形式设计，取代原来的单面坡口；采用大钝边、无间隙组对技术，并直接省去STT封底环节，整个焊道以埋弧焊完成，实现了焊接方式从半自动向全自动的升级。

③ 完成了适用于API5L X65级别海管埋弧内焊+埋弧外焊的焊接工艺参数摸索，填充金属的减少降低了焊接热输入，解决了埋弧焊层间温度不容易控制的难题，从材料微观组织的控制方面提高了焊接质量，确保了焊缝接头的力学性能满足DNV-OS-F101焊接标准要求。

④ 形成了第三方认证及业主认可的海管埋弧内焊+埋弧外焊的高效焊接程序，该程序焊接参合理，安全可靠，便于操作，利于海上施工的特殊作业环境。

⑤ 该项成果替代了原来的STT半自动封底工艺，实现了技术革新，并在某项目22 in、51 km的海管铺设中推广与应用，创造了单日最快焊接171道焊口，整条管线焊接一次AUT合格率为99.5%的骄人成绩，实现了提高整体铺管工作效率的目标。

（3）原因分析。

① 实现了海管埋弧内焊+埋弧外焊的全自动焊接方式，直接省去了原来手工STT封底环节，而以全自动化的埋弧焊代之。以管径22 in的海管封底焊接为例，以STT封底需要约10 min，而以埋弧焊封底仅需要约4.6 min，提高效率1倍；从操作上来看，焊工只需要拥有SAW资质，无须再考取STT资质，节省焊工考评费用及时间；出海施工不必再携带气瓶，焊材种类减少，便于管理；劳动强度从手工操作的半自动升级为全自动，劳动强度大大降低，作业条件明显改善。

② 将大钝边、无间隙组对技术应用于海管焊接中，除了节约焊材之外，最突出的优势是此类坡口可以容忍更大的错皮量，容忍更大的管材椭圆度，这对于大直径的有（焊）缝管组对意义重大。降低管椭圆度要求，降低组对难度，减少

辅助工作，且不影响焊接质量。

③ 内焊+外焊的"X"形双面坡口，结合大钝边、无间隙组对技术，替代了原来的有间隙"V"形坡口，焊材填充量明显降低45%，节约焊接材料、节省焊接时间、提高焊接效率，并且结合合理的工艺参数，有效防止了根部余高超标这一弊端。

④ 双面坡口填充金属的减少降低了焊接热输入，解决了埋弧焊层间温度不容易控制的难题，从材料微观组织的控制方面提高了焊接质量，确保了焊缝接头的力学性能满足DNV–OS–F101焊接标准要求，而且实现了焊接连续操作，减少了因控制层间温度而消耗的等待时间，节约了宝贵的海上工时。

⑤ 完成了适用于API5L X65级别海管埋弧焊接的焊丝、焊剂选型，选用TSW–E40/TF–210焊接材料，在达到了与母材性能高匹配的同时，具有良好的脱渣性，无须手工打磨，大大改善劳动条件，工艺更加人性化。

（4）总结与建议。

该技术成果应用于某海管项目中，铺管效率得到了显著提升，实现了单日铺设22 in海管双节171根的施工效率。共完成2 132道埋弧焊口，累计返修11道焊口，一次AUT检验返修率降低至0.5%。焊接一次AUT合格率提升至平均99.5%。由于辅线高效率的预制焊接与主线全自动焊焊接效率相匹配，不影响主线铺管及移船，其经济效益价值不可估量。

5）海底管道无衬垫封底自动焊新工艺推广应用

（1）事件背景。

采用全自动焊工艺进行海管铺设，相比传统的手工焊、半自动焊工艺，具有焊接效率高、质量高、焊工操作简易和劳动强度低等优点，代表着国内外海管焊接技术的发展趋势。在某些国际项目中，国外油田公司对于含H_2S酸性环境下焊接的质量要求越来越严格，越来越苛刻，不仅要海管铺设的采用全自动焊工艺，无铜衬垫也成为重要的强制技术条款。开发更加先进的无衬垫全自动焊工艺，对今后在海底管道铺设领域内更好地提高铺设效率和质量具有重要意义，为国内油田公司走向国际市场提供重要的技术保障。

（2）事件发生发展过程。

依托于某海管项目成功开发了海管无衬垫焊接的工艺，形成了一套完整的PQR文件和WPS文件，并获得了第三方BV的认证。无衬垫封底全自动焊接工艺，关键在于如何实现单面焊、双面成型。相比常规的带铜衬垫封底焊接工艺，无衬垫封底焊接难点有碳钢液态铁水黏度低，焊接过程中失去了铜衬垫的防烧穿保护及强制冷却作用，需综合考虑并寻找坡口顿边和R角、焊接热量参数、熔池液态金属重力和液体表面张力的平衡点，才能克服烧穿、未焊透、内凹和成型凸起等焊接缺陷。

（3）原因分析。

① 无铜衬垫封底焊接设备采用Saturnax 07全自动设备，可提供STT电弧模式，随后的填充、盖面的焊接可采用技术成熟的Saturnax 05全自动GMAW设备。

② 综合考虑含H_2S酸性环境对材料影响，试验用母材级别选用国内某钢厂生产的X65，满足API SPEC 5L标准的要求，规格为OD 355.6 mm × WT 17.5mm，其化学成分必须严格控制镍（Ni）、锰（Mn）、硫（S）、磷（P）等对硫化氢腐蚀开裂性能的有害元素。焊接材料的选择原则一是要满足焊接规格书和标准的要求，通常应用"高强度匹配原则"；二是要确保使用性能，尤其是抗SSC腐蚀性能满足要求，确保其化学成分中ω（Ni）<1%、ω［钼（Mo）］<0.5%的含量要求。

③ 坡口形式设计，其设计原则为：顿边的厚度为1.4 mm，允许最大的封底焊接错边量为1.0 mm；坡口单边角度设计为3.5°，窄间隙坡口设计类型；开口宽度为6.9 mm，可以保证在尽可能小的开口宽度下，有足够的间隙供焊丝、导电嘴的伸入；并且避免因焊丝摆宽不足产生侧面未熔合缺陷。管内壁采用不加工内凹角设计形式。

④ 焊接工艺参数设计，经过大量的试验摸索确定的焊接工艺参数，其主要特点为焊前预热温度为85 ℃，层间温度应严格控制不超过250 ℃。根据焊接系统、电源的特点，封底采用单丝焊接，STT电弧模式。热焊道同样采用单丝焊接，MIG电弧模式，能降低热焊时烧穿的风险。填充及盖面焊接均采用双丝焊接，MIG电弧模式，可有效提高焊接效率。焊接电流、电压、送丝速度及焊接速度之间相互匹配，有效避免未焊透、未熔合及气孔等缺陷的产生。焊接保护气体采用50% Ar；50% CO_2混合气体，气体流量设定为50 L/min比较合理。

⑤ 对焊缝进行了力学性能试验验证，包括拉伸试验、弯曲试验、冲击试验、硬度和焊缝宏观试验，其中硬度最大值为237HV10，满足酸性介质下最大硬度要求。

⑥ 对焊缝进行SSC性能试验验证。采用无铜衬垫焊接工艺，其主要原因是为了避免铜元素对焊接接头性能的影响，尤其是避免铜元素对焊接接头在焊硫化氢腐蚀环境下的SSC性能的影响。所以，即使采用无铜衬垫工艺，也必须验证焊接工艺的抗H_2S腐蚀性能。

（4）总结与建议。

本文案例介绍了一种海管无衬垫全自动焊接技术，主要经验如下。

① 采用STT全自动焊设备及GMAW全自动焊设备，成功开发适用于API 5L X65海管焊接的无衬垫封底全自动焊接工艺，理化性能实验结果均满足DNV-OS-F101标准的要求，形成了PQR文件。

② SSC试验结果表明焊接接头试样没有发生明显的硫致开裂，满足NACE 0177规范的要求，因此，本项目海管焊接接头具有很好的耐硫致开裂性能，表明本文所开发的焊接工艺是成功的。

③ 通过对焊工操作几方面要素进行了总结，形成了操作要点，可为海管铺设现场施工提供有利的技术支持。

该技术在项目中得到了应用，确保了项目的顺利完工，建议继续加大对海底管道无衬垫焊接技术的研究，尤其是以自由设备为基础的技术研究，更好地促进海底管道焊接技术能力的提升。

6）某深水海管碳钢AUT检验案例

（1）背景资料。

DNV-OS-F101（2012）标准针对AUT检测系统，要求按照DNV-RP-F118对缺陷检测能力包括高度及长度等进行准确评定，并要求平均偏差小于1 mm。但DNV-RP-F118标准2010年发布以来，还从未使用过，也不掌握评定AUT工艺的方法，更不能确定原有AUT检测工艺平均偏差度能否达到标准的要求。

因此，只有掌握DNV-RP-F118要求，并开展相应试验，从而不断优化原有AUT检测工艺，才能使得AUT检测工艺满足新版规范的要求，并应用在海底管线检测中。

（2）原因分析。

① 射线检测存在辐射危害，检测过程产生危废物，需独立的作业空间，影响整体铺管效率；

② AUT系统未经过DNV认证，不满足项目使用条件。

（3）纠正、解决措施。

深入研究DNV-RP-F118（2010）、DNV-OS-F101（2012）等相关标准，并积极与DNV（挪威总部）技术专家进行沟通，技术人员终于在满足95%的置信水平条件，成功对AUT PIPEWIZARD V2系统POD，缺陷高度、长度的定量精度进行了评定（见图6.9）。

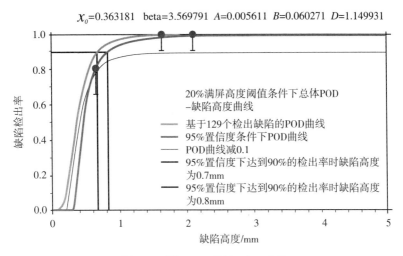

x_0=0.363181　beta=3.569791　A=0.005611　B=0.060271　D=1.149931

图6.9　碳钢AUT认证POD曲线

AUT工艺得到DNV挪威总部的认证，可以在项目中应用。

（4）经验教训。

通过对此项目总结得出以下经验。

① 对检验工艺评定的相关标准要跟踪，了解新版标准对检验工艺评定的要求及工艺的整体要求。

② 按标准要求，对开发的检验工艺进行评定。

7）某CRA复合管海底管道项目

（1）背景资料。

长期以来CRA复合管海上安装一直采用传统的射线检验工艺，不仅效率低，而且存在辐射污染等潜在危害，碳钢管线AUT检测工艺已应用10多年，技术和设备均已非常成熟，且得到挪威船级社（DNV.GL）的认证，若采用AUT检验，CRA复合管的检验效率较传统的射线检验将提高至少一倍，且十分环保，能够满足海上施工交叉作业的要求（见图6.10）。

（2）原因分析。

① 射线检测存在辐射危害，检测过程产生危废物，需独立的作业空间，影响整体铺管效率；

② 此类材料无AUT检测工艺。

（3）纠正、解决措施。

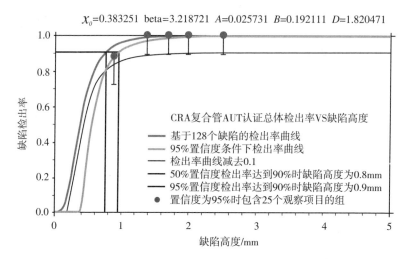

图 6.10　CRA 复合管 AUT 认证 POD 曲线

① 开发 CRA 管 AUT 检测工艺；

② 按照 DNV-OS-F101 及 DNV-RP-F118 进行工艺的评定；

③ 按项目要求准备技术文件，并进行方案的专家审查。

（4）经验教训。

① 掌握了新型检测工艺，增强了技术能力；

② 掌握了新工艺开发的方法，积累了推广应用的经验。

8）薄厚壁管 AUT 检验案例

（1）背景资料。

某海底管线项目，包含同等内径不同壁厚的对接焊口，其他相同尺寸的对接焊口采用 AUT 检测，如果同等内径不同壁厚的对接焊缝采用全自动超声波检测将比射线检测节省约 24 天（实际检验时间），同时由于船舶上空间有限，也给现场射线防护带来很大困难。

（2）原因分析。

① 射线检测存在辐射危害，检测过程产生危废物，需独立的作业空间，影响整体铺管效率；

② 缺乏此类焊缝 AUT 检测工艺。

（3）纠正、解决措施。

① 设计新型校准试块：为使 AUT 检测技术应用同等内径不同壁厚的对接焊缝

[24 in × 13.6 mm（薄壁侧厚度）× 18.7 mm（厚壁侧厚度）]，通过设置合理的校准试块，即通过在厚壁（18.7 mm）侧表面设置1∶4过渡比例，既满足相关标准要求，又能满足AUT检测设备的要求（见图6.11和图6.12）。

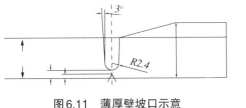

图6.11　薄厚壁坡口示意　　　　　　图6.12　薄厚壁波束示意

② 扫查器改造：扫查器配套探头支架的长度为250 mm，改造后的探头支架为300 mm，长度增加了50 mm。

（4）经验教训。

① 扩大现有的AUT设备应用范围，降低射线作业风险；

② 掌握了不同类型焊缝的检测工艺（见图6.13和图6.14）。

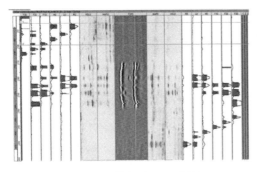

图6.13　薄厚壁AUT试块　　　　　　图6.14　薄厚壁焊缝现场扫查

9）小尺寸海管PAUT检验案例

（1）背景资料。

长期以来，射线检测是工艺管线焊缝无损检测的主要手段。由于射线作业流程烦琐，辐射危害导致不能交叉作业，严重影响现场施工效率。随着焊接技术的快速发展，海洋平台工艺管线建造过程各工种交叉作业要求日益强烈，国家对射线源控制越来越严格，相控阵超声波检测技术因其安全、高效、灵敏等优势，近年来得到了快速的发展。

某海管项目有一条2 in管线。

（2）原因分析。

① 2 in 海管无法使用 AUT 工艺；

② 射线作业影响整体铺管效率，存在辐射危害，产生危废物；

③ 2 in 海管 PAUT 无应用业绩。

（3）纠正、解决措施。

① 开发了小管径 PAUT 检测工艺；

② 通过对比试验（见图 6.15、图 6.16 和图 6.17），确认工艺的可靠性及检测准确性，通过业主认可。

 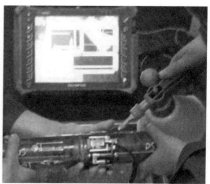

图 6.15　2 in 管射线检验　　　　图 6.16　2 in 管 PAUT 对比试验

图 6.17　2 in 管 PAUT 现场检验

（4）经验教训。

① 掌握新型检测工艺，在不同结构上应用，提高生产效率；

② 积累应用经验，助力其他项目的推广应用。

10）小尺寸海管 AUT 检验案例

（1）背景资料。

4 in海底管线，使用射线检验，在一切都顺利的情况下，检验一道焊口
（4 in × 12.7 mm）至少需25 min（双壁单影，4次曝光），使用船舶为BH109船。
射线作业在三站进行，使用移动铅车进行防护，经测量一、二站射线剂量无法达
到非射线操作人员标准规定值2.5 uSv/h，拍片时一、二站将停止所有作业，严重
影响工程的整体进度。

（2）原因分析。

① 业主规格书要求采用射线检测工艺；

② 4 in海管无AUT检测工艺。

（3）纠正、解决措施。

① 轨道改造。AUT设备对轨道的安装精度要求高，设备运行起来楔块对焊
缝中心要求而言相对固定，当轨道位置发生偏移时，主声束的位置也发生偏移，
以致缺陷对应的声束未能扫查到缺陷，而临近的声束却能发现缺陷。

② 试验研究及性能分析。针对海管检验中的特殊工作环境，为了确保改进
后设备在海上长期工作后都能保证检验准确性和良好的稳定性，AUT设备在人工
试块上的检验结果与RT的检验结果进行对比（见表6.3），业主对AUT的检验结
果非常满意。并在随后工程中，改造后的AUT设备运行稳定，检测精度高，充
分发挥了其优势。

表6.3　AUT与RT检验结果对比

缺陷编号	尺寸	性质	长度/mm		
			AUT	RT	设计尺寸
1	4 in × 12.7 mm	根部未熔合	33	28	35
2	4 in × 12.7 mm	根部未熔合	36	31	35
3	4 in × 12.7 mm	未焊透	38	30	40
4	4 in × 12.7 mm	侧壁未熔合	16	0	20
5	4 in × 12.7 mm	根部未熔合	19	12	20

（4）经验教训。

① 扩大了AUT应用管径范围，积累了经验业绩；

② 掌握了工艺开发应用的方法，项目推广应用策略。

6.3 海底管道安装案例

6.3.1 简介

本节选取海底管道安装阶段的数个案例，对安装施工实际发生的问题进行经验教训总结。

6.3.2 某铺管船托管架滚轮案例

1）过程介绍和记录

某项目需要铺设一条14 in天然气管道，由某铺管船使用一节托管架进行海管铺设（见图6.18），该托管架为新建，首次在铺管作业中使用。根据铺管计算分析报告的滚轮高度调整数据，施工前需要先将托管架的$1^{\#}$、$4^{\#}$、$6^{\#}$、$8^{\#}$和$10^{\#}$滚轮调节到设计的位置高度。然而，在调整滚轮高度过程中，现场施工人员发现$4^{\#}$和$6^{\#}$滚轮的设计位置高度超出了滚轮立柱的限位栏杆，滚轮高度无法调整到位。

图6.18　一节托管架铺管

2）原因分析

（1）托管架加工后的 实际尺寸与原设计尺寸偏差较大。根据设计图纸，$4^{\#}$和$6^{\#}$滚轮的立柱高度（立柱底部距离顶端限位栏杆）应该为4 000 mm，而实际的立柱高度约为3 840 mm；限位栏杆本该位于立柱顶端，而实际距离顶端约为160 mm。

（2）托管架建造完工后，建造方没有提供托管架的完工图纸，安装设计人员仅按照最初的设计图纸进行设计，考虑不够全面。

（3）对于新建造的托管架，安装设计人员在第一次使用前没有现场核实托管架的实际完工状态，完全依赖设计图纸，有失严谨。

3）纠正、解决措施

切除4#和6#滚轮立柱顶端的限位栏杆，重新将4#和6#滚轮调到设计位置高度，并采取有效措施固定滚轮卡子。

4）经验教训

修订新建新固定式托管架的相关数据，收集建造完工报告和图纸。在后续使用新固定式托管架进行铺管的项目中，优化作业线和托管架滚轮设计标高，考虑充足的余量。

6.3.3　海底管道铺设涂敷受损案例

1）过程介绍和记录

某铺管船在铺设一条6 in海底管道过程中，在水下机器人例行检查时，发现海管着泥点处管线涂敷层有受损现象，继续调查至托管架尾部，发现节点涂敷层连续出现刮伤，共发现约30个节点涂敷损坏（节点损坏情况多为小范围刮伤，无大范围破损，管线涂层并无破损现象）。

由于刮伤的频率变高且节点连续，经现场协商决定，为避免更大范围的涂敷层损坏，现场决定进行临时弃管作业，对托管架进行全面检查修复。

2）原因分析

（1）托管架滚轮橡胶涂层在弃管和回收过程中与A/R缆和弃管回收索具摩擦导致破损，致使滚轮内部金属结构与海管接触。

（2）托管架摄像头有盲区，由于两个摄像头无法工作，无法监控托管架全部滚轮处海管状态，不能即时发现涂层受损。

（3）由于海管铺设速度提升，导致节点涂敷冷却不充分，节点涂敷层强度不够。

（4）船尾滚轮在正常铺管时偶尔无法与海管随动，涂敷层与滚轮发生滑动摩擦，导致涂敷层破损。

3）纠正、解决措施

（1）加装一个阳极以保证有足够的防腐余量。

（2）适当增加涂敷层冷却时间。

（3）增加巡检作业线滚轮次数，如有不转动或损坏现象，立刻对其进行更换；在每次弃管并回收托管架后，对托管架滚轮进行检查，如果发现滚轮损坏立即更换。

（4）改进涂敷工艺，增加冷却设备，并对现有的冷却设备进行升级。

4）经验教训

海管铺设状态的监控要切实做到24 h无死角关注，早发现、早解决，避免损失进一步扩大。

6.3.4 水下机器人（ROV）钩子与托管架滚轮干涉案例

1）过程介绍和记录

某船进行6 in海底管道铺设施工，在弃管和回收过程中，水下机器人回收钩子和卡环与托管架滚轮发生干涉，不能正常进行弃管和回收作业。

2）原因分析

（1）托管架滚轮为"V"形滚轮，其两个滚轮中间底部有空隙。

（2）水深增加，弃管回收索具体积逐渐增大，导致卡环等索具与滚轮接触面积较大，容易发生剐蹭和干涉。

（3）ROV钩子的设计存在不足之处，其钩头偏大。

3）纠正、解决措施

（1）弃管回收时调整ROV钩子的朝向，保证ROV钩子开口向上。

（2）使用水下摘扣的弃管方式，减少了牺牲缆和卡环。

（3）在卡环处加装用于过渡的保护器。

4）经验教训

由于深水铺设经验不足造成了ROV钩子与滚轮干涉，设计人员针对深水工况设计加长了ROV钩子，经后续项目使用效果良好。

6.3.5 某项目海管铺设断管案例

1）过程介绍和记录

某铺管船在进行海管铺设任务，当天上午接收到天气预报，预报部分原文为"一股冷空气将影响你区，西南风4~5级，今天下午转东北风7~8级，明天下午减弱"。常用的风速仪如图6.19所示。

现场根据天气预报安排了下一步工作。按步骤拖轮协助铺管船调整锚位，作业线进行弃管准备工作；现场逐渐起风，风力突然增大到10级，最大记录到11级，远远大于当天的天气预报。

由于风力骤然增大，且涌浪起得很快，铺管船受到强烈的横风及涌浪共同影响且由于现场为淤泥泥质，铺管船走锚，导致船位偏离设计管线路由最多100多米。

最终确认，各工作锚不同程度发生走锚，从几十米至几百米不等。

待天气转好，经潜水员探摸检查管线，发现距离海底管道有多处水泥图层损坏脱落且外层管有凹陷变形，管道屈曲如图6.20所示。

图6.19 风速仪

图6.20 管道屈曲

2）原因分析

（1）现场气象与预报气象存在严重误差，当日上午接收到的天气预报，预报部分原文为"一股冷空气将影响你区，西南风4~5级，今天下午转东北风7~8级"。实际现场风力达到10级，阵风11级。

（2）对船舶抗风等级划分不够细化，铺管作业船属于锚泊定位，不同的泥质条件给船舶提供的系泊力不同，从而导致船舶抗风等级不同。

（3）在恶劣天气下造成船舶走锚是本次海管发生断裂的重要原因。

3）纠正、解决措施

（1）细化船舶抗风等级划分。

（2）细化锚泊分析。

（3）细化海管应急回收程序。

（4）通过传感器、摄像探头及潜水员等多种方式对海管与托管架的接触状态进行监控。

4）经验教训

安全应急程序要切实做到施工天气监测，并根据项目自身的环境特点编制。

参考文献

［1］《海洋石油工程设计指南》编委会.海洋石油工程海底管道设计［M］.北京：石油工业
出版社，2007.

［2］蒋华义.输油管道设计与管理［M］.北京：中国石油大学出版社，2008.

［3］李玉星，姚光镇.输气管道设计与管理［M］.北京：中国石油大学出版社，2009.

［4］李长俊.天然气管道输送［M］.北京：石油工业出版社，2008.

附录　彩图

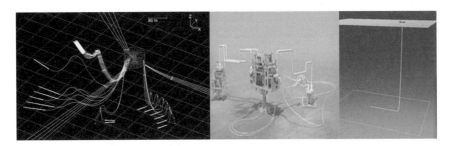

图1.1　海底管道的设计

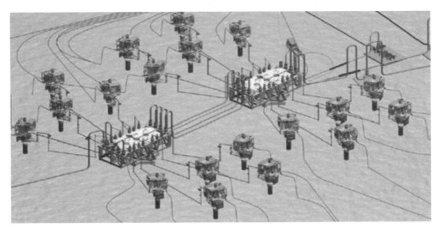

图1.2　海底管道布置

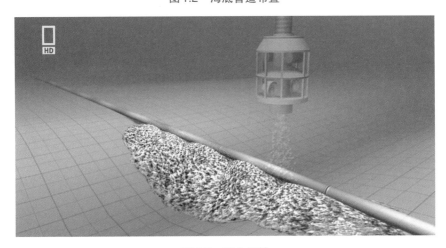

图3.2　路由保护

图3.3　抛石回填保护

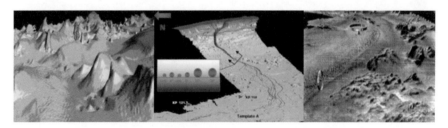

图3.5　悬跨的危害

图3.6　悬跨

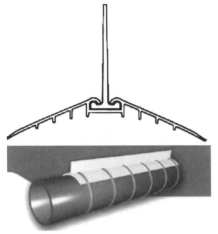

图3.8　管道上安装阻流板

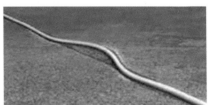

图3.9　管道海床上稳定性

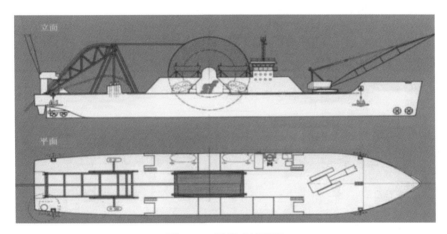

图3.10　卷管式铺管船

图3.13　挖沟机

图4.2　坡口加工

图4.3　焊口组对

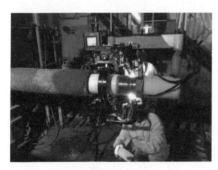

图4.4　封底与热焊道焊接

图4.5　填充与盖面焊接

图4.6　AUT无损检验

图4.7　节点防腐

图4.8　无线遥控X射线爬行器

图 4.13　AUT 系统

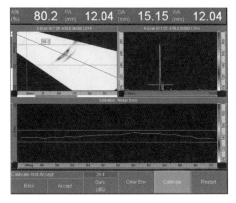

图 4.19　楔块延迟

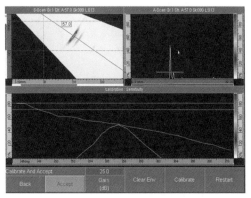

图 4.20　灵敏度校准

图 5.2　铺管船

图5.3　张紧器

图 5.4　A/R绞车

图5.8　自动焊焊接

图5.9　AUT

图5.12　底拖法登陆施工

图5.10　涂敷防腐作业

图5.13　对接施工

图5.14　立管膨胀弯安装

图5.15　挖沟机施工

图5.16　安装水泥压块

图6.6　海管现场焊接